Pa

Performances pondérales et digestibilité des boucs alimentés au mucuna

Paul Marie Désiré Ko Awono

Performances pondérales et digestibilité des boucs alimentés au mucuna

Nutrition des caprins au nord Cameroun

Éditions universitaires européennes

Impressum / Mentions légales

Bibliografische Information der Deutschen Nationalbibliothek: Die Deutsche Nationalbibliothek verzeichnet diese Publikation in der Deutschen Nationalbibliografie; detaillierte bibliografische Daten sind im Internet über http://dnb.d-nb.de abrufbar.

Information bibliographique publiée par la Deutsche Nationalbibliothek: La Deutsche Nationalbibliothek inscrit cette publication à la Deutsche Nationalbibliografie; des données bibliographiques détaillées sont disponibles sur internet à l'adresse http://dnb.d-nb.de.

Coverbild / Photo de couverture: www.ingimage.com

Verlag / Editeur:
Éditions universitaires européennes
ist ein Imprint der / est une marque déposée de
OmniScriptum GmbH & Co. KG
Bahnhofstraße 28, 66111 Saarbrücken, Deutschland / Allemagne
Email: info@editions-ue.com

Herstellung: siehe letzte Seite /
Impression: voir la dernière page
ISBN: 978-613-1-57425-2

Fiche de certification de correction après soutenance

La présente thèse de Master, défendue le 31 juillet 2007 a été corrigée conformément aux observations du jury composé de :

Président : _____
Dr MANJELI YACOUBA, Professeur
Université de Dschang

Membre : _____
Dr PAMO TEDONKENG Etienne, Professeur
Université de Dschang

Membre : _____
Dr ZOLI PAGNAH André, Maître de conférences
Université de Dschang

Membre : _____
Dr KUATE Jules Roger, Maître de conférences
Université de Dschang

i

DEDICACE

A MON FRERE Aîné, Armand Claude ABANDA

REMERCIEMENTS

- Professeur PAMO TENDONKENG Etienne, pour avoir accepté de diriger ce travail malgré ses multiples occupations ainsi que sa disponibilité, ses critiques et ses suggestions.
- A mon comité scientifique de Master of science composé du Pr TEGUIA Alexis, du Pr FONTEH Florence et Dr DEFANG Henry, pour leurs critiques et suggestions.
- A la Direction Générale et Scientifique de l'IRAD, pour avoir permis et soutenu l'inscription de ses chercheurs à la Faculté d'Agronomie et des Sciences Agricoles de l'Université de Dschang, ainsi que pour l'amélioration des capacités de ses chercheurs à travers des séminaires.
- Dr NJOYA Aboubakar, Directeur Général Adjoint de l'IRAD, pour son soutien et ses conseils lors de la conception de ce travail.
- A la Banque Africaine de Développement, pour son soutien financier à la réalisation de ce travail.
- A monsieur KLASSOU Célestin, chef de la station IRAD de Garoua, pour son soutien.
- Mademoiselle NGO Tama Anne Clarisse, mon encadreur, pour ses conseils, son temps, ses documents et les facilités mises à ma disposition pour la réalisation de cet essai.
- Monsieur ABOUBAKAR D. K., pour son soutien et la documentation mise à ma disposition.
- Monsieur Michel HAVARD, pour ses conseils et la documentation mise à ma disposition.
- Dr ONANA Joseph, pour ses conseils et son autorisation d'exploiter la plantation de *Ficus sycomorus* qu'il a crée il y a 13 ans à la station IRAD de Garoua.
- Dr KAMENI Anselme, pour ses conseils et surtout ses critiques.
- Dr AWAH Ndzingu, pour ses conseils et le suivi vétérinaire des animaux pendant les essais.
- Mme AWAH Anastasie, pour la documentation mise à ma disposition.
- A ma fiancée, NANGA EYEBE Nathalie, pour son soutien.
- Monsieur GONI ABBAS, pour son assistance lors de la collecte des données.

- A mes camarades de promotion de l'option nutrition animale du cycle Master, TENDONKENG Fernand, KANA Raphaël, BETFIANG Marius, NGEN Loretta, CHAKAM Viviane, YENDJI Bernard, MEGAPCHE, FON STANLEY, pour votre soutien et vos appels téléphoniques qui m'ont permis d'éviter de nombreux désagréments lors de mon stage à Garoua.

- Monsieur CHOUPAMOUM Jean, Chercheur à l'IRAD de Mankon, pour ses conseils, son réconfort, son hospitalité et pour m'avoir permis la saisie partielle de mon master sur son ordinateur.

- Mademoiselle NJEHOYA Clémence Aggy, Chercheur à l'IRAD de Wakwa, pour son soutien et la documentation mise à ma disposition.

- Mademoiselle MAGAJOU Nicole, ma tutrice, pour son hébergement pendant toute ma formation.

- Messieurs ABDOURAMAN, BOUBA et IDRISSOU, bergers de l'IRAD de Garoua, pour vos efforts consentis lors de l'alimentation des boucs.

- Messieurs NDODJE Joseph et NDAVAI, pour la récolte du *Ficus sycomorus* et de l'*Andropogon gayanus*.

LISTE DES TABLEAUX

LISTE DES FIGURES

AGV : Acides Gras Volatils

A.O.A.C : Association of Official Method of Analysis

C : Cendres

CB : Cellulose Brute

Da : Digestibilité Apparente

DMO : Digestibilité de la Matière Organique

EM : Energie Métabolisable

F : Fécal

FAO : Organisation des Nations Unies pour l'Alimentation et l'Agriculture

FASA : Faculté d'Agronomie et des Sciences Agricoles

FC : Facteur de cloisement

FS : Facteur Stoechiométrique

GMQ : Gain moyen quotidien

GP : Gaz produit à 24h d'incubation

I : Ingéré

IRAD : Institut de Recherche Agricole pour le Développement

MAT : Matière Azotée Totale

MM : Masse microbienne

MOD : Matière organique dégradée

MS : Matière sèche

NDF-N : Azote résiduel

NDS : Neutral Detergent Solution

NEC : Note d'état corporel

PB : Protéine Brute

PC : Poids carcasse

PV : Poids vif

RC : Rendement carcasse

VD : Vraie Digestibilité

ANNEXE

RESUME

L'étude de l'effet du niveau de supplémentation au *Mucuna pruriens* sur les performances pondérales des boucs et la digestibilité des rations pendant la saison sèche au nord Cameroun a été conduite à la station polyvalente IRAD de Garoua et au Laboratoire de nutrition animale de l'Université de Dschang entre novembre 2004 et juillet 2005. Au cours de cette période, 4 essais ont été conduits.

Dans le 1er essai, 24 boucs nains de Guinée ont été divisé en 3 groupes de 4 boucs chacun, nourris à base de l'*Andropogon gayanus*, du *Ficus sycomorus* et supplémentés avec 0, 100 et 150 g de *Mucuna pruriens*. L'évaluation du poids vif, du gain moyen quotidien, de la note d'état corporel a été effectuée tous les 14 jours pendant 90 jours. Les résultats de cet essai ont indiqué que, en absence du *Mucuna pruriens* dans la ration, le poids vif, le gain moyen quotidien et la note d'état corporel étaient respectivement de 10,44 kg ; -10 g et 1,87. En présence de 100 g de *Mucuna pruriens* dans la ration, le poids vif, le gain moyen quotidien et la note d'état corporel étaient de respectivement de 12,16 kg; 9 g et 2,94 contre 12,98kg; 18 g et 3,56 avec une ration contenant 150 g de *Mucuna pruriens*.

Au second essai, 9 boucs ont été répartis en 3 groupes de 3 animaux chacun et chaque groupe a été soumis à l'un des 3 traitements ci-dessus afin d'étudier l'influence du niveau de supplémentation du *Mucuna pruriens* sur la digestibilité de la ration. La digestibilité apparente de la matière organique était de 45,25; 62,34 et 70,97 % respectivement avec les rations contenant 0, 100 et 150 g de *Mucuna pruriens*. La digestibilité de l'azote était de 38,46; 55,29 et 60,95 % respectivement avec les rations contenant 0, 100 et 150 g de *Mucuna pruriens*.

La valeur nutritive d'*Andropogon gayanus* ou *Ficus sycomorus* seul ou associé au *Mucuna pruriens* a été évaluée *in vivo* et *in vitro*. Au 3ème essai, la valeur nutritive de chacune de ces 4 rations a été évaluée *in vivo*. la digestibilité apparente de la matière organique était de 43,60; 54,16; 67,12 et 75,61 % respectivement avec la ration contenant l'*Andropogon gayanus*, le *Ficus sycomorus*, l'*Andropogon gayanus* associé au *Mucuna pruriens* et le *Ficus sycomorus* associé au *Mucuna pruriens*. La digestibilité apparente de l'azote était de 41,66; 55,07; 68,75 et 78,35 % respectivement avec la ration contenant l'*Andropogon gayanus*, le *Ficus sycomorus*, l'*Andropogon gayanus* associé au *Mucuna pruriens* et le *Ficus sycomorus* associé au *Mucuna pruriens*.

Au 4ème essai réalisé *in vitro*, le *Mucuna pruriens* et l'aliment de base (*Andropogon gayanus* ou *Ficus sycomorus*) étaient mélangés respectivement dans les proportions 27,5 % / 72,50 %

(137,5 mg de *Mucuna pruriens* et 362,5 mg d'*Andropogon gayanus*) et 15,50 % / 84,5 % (77,5 mg de Mucuna pruriens et 422,5 mg de Ficus sycomorus). Ces proportions correspondent au pourcentage de consommation des ingrédients de chaque ration obtenu in vivo. Les résultats de cet essai indiquent que la production d'acides gras volatils était de 0,86; 0,99; 0,95 et 1,04 mmol/40 ml respectivement avec l'*Andropogon gayanus*, l'*Andropogon gayanus* incubé en présence du *Mucuna pruriens*, le *Ficus sycomorus* et le *Ficus sycomorus* incubé en présence du *Mucuna pruriens*.

Dans l'ensemble, la supplémentation des rations au *Mucuna pruriens* pendant la saison sèche permet d'améliorer les performances pondérales des boucs et la digestibilité des rations.

Mots clés : *Mucuna pruriens*, boucs nains de Guinée, supplémentation, performances pondérales, digestibilité

SUMMARY

The study of the effect of the supplementation level of *Mucuna pruriens* on ponderal performances of bucks and ration's digestibility has been conducted during the dry season at the IRAD polyvalente station of Garoua and at the animal nutrition laboratory of the University of Dschang between November 2004 and July 2005. During this period, 4 trials were carried out.

In the 1st trial, 24 dwarf goats of Guinea have been divided into 3 groups of 4 bucks each, fed at base *Andropogon gayanus,Ficus sycomorus* supplemented with 0, 100 and 150 G of *Mucuna pruriens*. The evaluation of the live weight, mean daily gain and body condition score were done every 14 days during 90 days. Results of this trial shown that, in absence of *Mucuna pruriens* in the ration, the live weight, the mean daily gain and the body condition score were respectively 10,44 kg; -10 G and 1,87. In presence of 100 G of *Mucuna pruriens* in the ration, the live weight, the mean daily gain and the body condition score were respectively of 12,16 kg; 9 G and 2,94 against 12,98 kg; 18 G and 3,56 with a ration containing 150 G of *Mucuna pruriens*.

In the second trial, 9 bucks have been divided into 3 groups of 3 animals and each group received one of the 3 treatments above to study the effect of supplementation level of *Mucuna pruriens* on the digestibility of the ration. The apparent digestibility of the organic matter was 45,25; 62,34 and 70,97 % respectively with the rations containing 0, 100 and 150 G of *Mucuna pruriens*. The apparent digestibility of nitrogen was 38,46; 55,29 and 60,95 % respectively with the rations containing 0, 100 and 150 G of *Mucuna pruriens*.

In the third trial, each animal of the same group received one of the following treatments: *Andropogon gayanus* (1,5 kg), *Ficus sycomorus* (1,5 kg) and the grain's powder of *Mucuna pruriens* (300g). The digestibilité of each of these 4 rations was evaluated in vivo. The apparent digestibility of organic matter was 43,60; 54,16; 67,12 and 75,61% respectively with ration containing *Andropogon gayanus, Ficus sycomorus, Andropogon gayanus* associated with *Mucuna pruriens* and *Ficus sycomorus* associated with *Mucuna pruriens*. The apparent digestibility of nitrogen was 41,66; 55,07; 68,75 and 78,35 % respectively with ration containing *Andropogon gayanus, Ficus sycomorus, Andropogon gayanus* associated with

Mucuna pruriens and *Ficus sycomorus* associated with *Mucuna pruriens*.

In the fourth, in vitro degradation of each of the following rations were done: *Andropogon gayanus* (500 mg), *Ficus sycomorus* (500 mg), 27,5% of *Mucuna pruriens* (137,5 mg) aasociated with 72,5% of *Andropogon gayanus* (362,5 mg) and 15,5% of *Mucuna pruriens* (77,5 mg) associated with 84,5% of *Ficus sycomorus* (422,5 mg). These proportions are the same to in vivo ingredients's consummation of each ration. The results of this trial show that the gas production was 0,86; 0,99; 0,95 and 1,04 mmol/40 ml respectively with *Andropogon gayanus*, *Andropogon gayanus* incubated in the presence of *Mucuna pruriens*, *Ficus sycomorus* and *Ficus sycomorus* incubated in the presence of *Mucuna pruriens*.

In a whole, supplementation of rations with *Mucuna pruriens* during the dry season increase ponderal performances of bucks and digestibility of rations.

Key words: Mucuna pruriens, dwarf bucks of Guinea, supplementation, ponderal performances, digestibility.

INTRODUCTION

Introduction

Les ruminants domestiques représentent une ressource alimentaire de choix car ils produisent du lait ou de la viande, constituent un moyen de traction et de transport apprécié, un moyen de thésaurisation et d'équilibre économique pour des milliers de familles d'éleveurs en Afrique tropicale (Pamo, 1991). Dans le nord Cameroun, l'élevage constitue la seconde activité des paysans après la culture du coton (Awa et al, 2004) et les systèmes d'élevage des ruminants prédominants sont de type extensif et semi-extensif. Toutefois, pendant la saison sèche qui dure 6 à 8 mois, la production et la valeur nutritive des fourrages régressent, avec pour corollaire une baisse de la productivité des animaux (Njoya et al, 1997). En effet, dans les tropiques, les pâturages naturels sont constitués pour l'essentiel des graminées pérennes ou annuelles qui ne sont de bonne valeur nutritive qu'en début de saison des pluies et cette valeur se détériore au fur et à mesure que la saison avance (Pamo, 1991). Avec la lignification des espèces sur les parcours, leur digestibilité baisse considérablement et ne permet pas aux animaux d'extérioriser leurs potentialités (Chesworth, 1996).

Pendant la saison sèche, avec la régression aussi bien de la biomasse que de la valeur nutritive des graminées, la consommation des ligneux fourragers peut représenter 80 % de la ration des caprins (Guérin et al, 2002). Les espèces si abondamment consommées peuvent régresser significativement et finir par disparaître si des mesures appropriées de gestion durable ne sont pas mises en œuvre. Dans la plupart des élevages extensifs ces mesures font généralement défaut. Les graminées qui subsistent et qui ont tendance à dominer sont alors de qualité médiocre et très souvent de faible valeur nutritive. Avec des valeurs alimentaires régressant aussi rapidement, les fourrages des parcours tropicaux ne peuvent assurer des productions animales satisfaisantes qu'en présence d'une complémentation alimentaire adaptée. De nombreuses études ont montrées que la complémentation de la ration améliore de manière significative leur productivité (Gadoud et al., 1992. Pamo et Tankou., 2000. Pamo et al., 2001. Pamo et al., 2004).

Au nord-Cameroun, le tourteau de coton a été pendant longtemps le supplément alimentaire protéique le plus utilisé chez les ruminants. Mais aujourd'hui, la forte concurrence avec les autres espèces animales augmente son coût et réduit les quantités disponibles pour les ruminants et par conséquent leurs performances. La pérennisation de l'élevage dans cette zone passe indubitablement par la recherche d'autres suppléments protéiques pouvant relever le niveau de production des ruminants, notamment pendant la saison sèche. L'utilisation d'autres suppléments protéiques conventionnels tels que la farine de sang, de poisson ou de soja ne pouvant être également envisagée à cause de leur coût très élevé et des maladies que certains peuvent occasionner. Dans la recherche des alternatives, il est apparu que le *Mucuna pruriens* introduit comme plante fertilisante depuis quelques décennies au nord-Cameroun (Awa *et al.*, 2004) pourrait améliorer l'alimentation des ruminants grâce à sa teneur élevée (27 à 30 %) en protéines brutes (Sandoval et al, 2003).

Bien appété, le *Mucuna pruriens* pourrait améliorer la valeur nutritive des rations de base des ruminants, leur utilisation digestive et au-delà leurs performances pondérales. Il existe quelques informations sur la composition chimique du *Mucuna pruriens*, sa dégradation in vitro (Sandoval et al, 2003) et l'influence de son utilisation sur les performances pondérales des moutons (Ngongoni et Manyuchi, 1993). Cependant peu ou pas d'informations existent sur sa dégradation in vitro en présence d'un autre aliment et sa valorisation par les caprins surtout dans les conditions du nord- Cameroun (zone soudano-sahélienne). C'est donc pour pallier ces lacunes que le présent travail a été initié. Il a pour objectif principal d'évaluer l'influence de l'utilisation de différents niveaux de *Mucuna pruriens* sur les performances pondérales des boucs et la digestibilité des rations pendant la saison sèche au nord Cameroun. Il s'agit plus spécifiquement d'évaluer :

1) l'effet de l'incorporation de 3 niveaux (0, 100 ou 150 g) de farine des graines de *Mucuna pruriens* sur les performances pondérales des boucs recevant un aliment de base composé d'*Andropogon gayanus* et de *Ficus sycomorus*.

2) l'effet de l'incorporation de 3 niveaux (0, 100 ou 150 g) de farine des graines de *Mucuna pruriens* sur la digestibilité in vivo d'une ration de base constituée d'*Andropogon gayanus* et de *Ficus sycomorus*

3) l'effet de l'incorporation de la farine des graines de *Mucuna pruriens* sur la digestibilité in vivo d'une ration de base constituée d'*Andropogon gayanus* ou de *Ficus sycomorus*

4) l'effet de l'incorporation de la farine des graines de *Mucuna pruriens* sur la digestibilité in vitro d'une ration de base constituée d'*Andropogon gayanus* ou de *Ficus sycomorus*.

3

CHAPITRE I :
REVUE DE LA LITTERATURE

PLAN DE LA REVUE

1.1) La chèvre naine de Guinée

1.1.1) Description et classification

1.1.2) Ecologie

1.1.3) Appareil digestif et son fonctionnement

1.2 Digestibilité des aliments

1.2.1 Digestibilité *in vitro*

1.2.2 Digestibilité *in vivo*

1.2.3 Aptitudes digestives

1.2.3.1 Digestion des graminées

1.2.3.2 Digestion des légumineuses herbacées

1.2.3.3 Digestion des ligneux

1.3 Alimentation et performances pondérales

1.3.1 Alimentation à base de graminées et performances pondérales

1.3.1.1 Alimentation des ruminants à base de graminées

1.3.1.2 Performances des ruminants alimentés aux graminées

1.3.2 Performances des ruminants supplémentés aux légumineuses herbacées

1.3.2.1 Supplémentation aux légumineuses herbacées

1.3.2.2 Performances des ruminants supplémentés aux légumineuses herbacées

1.3.3 Performances des ruminants supplémentés aux ligneux

1.3.3.1 Supplémentation aux ligneux

1.3.3.2 Performances des ruminants supplémentés aux ligneux

1.3.4 Performances des ruminants supplémentés aux concentrés

1.3.4 1 Supplémentation aux concentrés

1.3.4.2 Performances des ruminants supplémentés aux concentrés

REVUE DE LA LITTERATURE

1.1 La chèvre naine de Guinée

1.1.1 Description et classification

La chèvre naine de Guinée ou du Fouta Djalon est un mammifère ongulé mesurant en moyenne 50 cm au garrot. Elle vit en liberté autour des villages. La tête est forte et rectiligne avec des cornes assez développées pouvant atteindre 20 cm et même plus en fonction de l'âge. Le corps est trapu, ramassé, la croupe courte et inclinée. Les muscles sont trapus et musclés, la queue courte et repliée sur le dos. La couleur de la robe varie du noir au blanc. La barbiche courte et peu fournie chez le mâle est non constante chez la femelle (Daget et Lhoste, 1995).

Elle appartient à l'ordre des artiodactyles, au sous-ordre des ruminants, à la famille des bovidés, à la sous-famille des caprinés et au genre Capra (Lhoste et al., 1993). Son nom scientifique est *Capra hircus*.

1.1.2 Ecologie

La chèvre du Fouta Djallon est un animal domestique très répandu dans la forêt tropicale et ses environs, principalement en Afrique Occidentale et Centrale (Daget et Lhoste, 1995). Cet animal supporte mal la claustration, subsiste mieux que le mouton dans les zones très sèches et utilise au mieux les pâturages grossiers, arbustifs et épineux (Delgadillo et al., 1997). Il peut vivre avec une infestation parasitaire moyenne (trypanosome), mais est très sensible aux viroses (peste des petits ruminants et aux mycoplasmoses (Lhoste et al, 1993).

1.1.3 Appareil digestif et son fonctionnement

L'appareil digestif est un long tube membrano-musculaire s'élargissant par endroit, auquel sont rattachés des organes émonctoires ou glandes annexes, dans des régions spécifiques et dans lequel circulent les aliments, les nutriments puis les excréments (Gadoud et *al*, 1992; Chesworth, 1996).

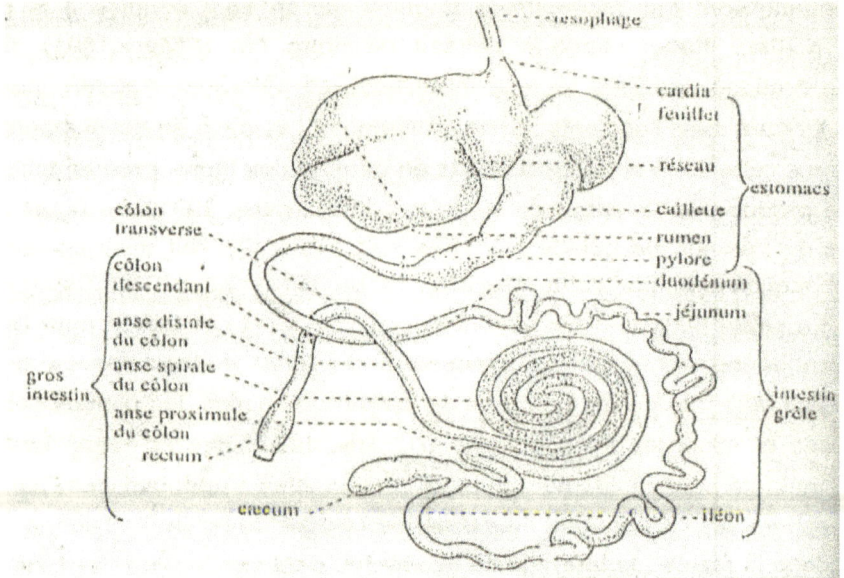

Figure 1 : Appareil digestif d'un ruminant adulte

La bouche est une cavité faite par une paire de mâchoires (supérieure et inférieure); couverte sur les côtes par les joues et s'ouvrant à l'avant sur les lèvres (Gadoud et *al*, 1992; De Simiane, 2002). Elle assure la préhension des aliments, leur mastication et leur rumination (Gadoud et *al*; 1992).

L'estomac de la chèvre a un volume qui varie entre 20 et 30 litres. Il occupe la quasi-totalité de la partie gauche de la cavité abdominale. Il est compartimenté en quatre poches qui sont le rumen, le réticulum, l'omasum et l'abomasum (Gadoud et *al*, 1992; Sautet, 1995; Chesworth, 1996; De Simiane, 2002).

- Le rumen est le plus important des compartiments. Il représente environ 80 % de la capacité totale de l'estomac (Chesworth, 1996; De Simiane, 2002). C'est une vaste poche située dans la partie gauche de l'abdomen. L'intérieur est divisé en sacs dorsal et ventral par de nombreux piliers musculaires. Son revêtement interne est constitué par une muqueuse aglandulaire, hérissée de nombreuses papilles longues et serrées (Gadoud et *al*, 1992; Chesworth, 1996). Le rumen a pour rôle de brasser les aliments qu'il contient continuellement grâce aux contractions de ses piliers musculaires qui le traversent (Gadoud et *al*, 1992; Chesworth, 1996). De plus, c'est au niveau de sa muqueuse qu'a lieu l'absorption des acides gras volatils, de petites quantités d'eau et de quelques minéraux (Gadoud et *al*, 1992; Chesworth, 1996). C'est aussi le lieu du métabolisme de certains nutriments tels que l'ammoniac et l'urée (Chesworth, 1996) et le lieu de synthèse de certaines vitamines (Lhoste et *al*, 1993).

- Le réticulum ou réseau est un réservoir de petite taille (0,5 à 2 litres) situé entre le rumen et le diaphragme. Il n'est séparé du rumen que par un repli de la paroi sans orifice particulier. Sa surface interne, également non glandulaire, est réticulée, c'est-à-dire cloisonnée en petites alvéoles et également parsemée de papilles absorbantes (Gadoud et *al*, 1992; Lhoste et *al*, 1995; Chesworth, 1996; De Simiane, 2002). Il joue un rôle central dans la circulation des particules alimentaires car il est situé à un carrefour. De lui, partent les contractions qui assurent la motricité de l'ensemble des compartiments gastriques. Il est également chargé du tri:

- ➤ des aliments arrivant de l'oesophage; il recueille des corps étrangers tandis que les fourrages et autres aliments plus ou moins solides se dirigent d'abord vers le rumen,
- ➤ des aliments en cours de digestion; il ne permet le passage par l'orifice réticulo-omasal que des particules suffisamment petites de 1 à 2 mm (Gadoud et al, 1992; Lhoste et al, 1993; Chesworth, 1996; De Simiane, 2002).

- L'omasum, encore appelé feuillet ou livret, est un petit réservoir de 0,5 à 2 litres. C'est le dernier des pré-estomacs. Il est de forme ovoïde chez les caprins. Dans sa cavité, font saillie des lames longitudinales recouvertes d'un épithélium kératinisé, juxtaposée comme les feuilles d'un livre. C'est au niveau de l'omasum que prend fin le prolongement de l'œsophage : la gouttière oesophagienne qui traverse le rumen et le réticulum. Sa muqueuse est non sécrétrice (Gadoud et *al*, 1992. Lhoste et *al*, 1995; Chesworth, 1996;. De Simiane, 2002). Le rôle essentiel de l'omasum est l'absorption d'une partie de l'eau, des acides gras volatils, de l'ammoniac et des minéraux tels que le magnésium et le manganèse avant leur arrivée dans la caillette (Chesworth, 1996).

- L'abomasum ou caillette est un réservoir de forme allongée (40 à 50 de long). Il a une capacité de 2 à 3 litres. Il correspond à l'estomac des monogastriques. C'est le seul compartiment glandulaire donc qui secrète des sucs digestifs (Gadoud et *al*, 1992; Lhoste et *al*, 1993; Chesworth, 1996; De Simiane, 2002). Le digesta, à son arrivée dans l'abomasum est soumis à un environnement très acide à l'action d'une série d'enzymes capable d'agir dans de pareilles conditions.

- ➤ la mucine qui a une action lubrifiante,

➤ les pepsines qui sont des enzymes protéolytiques (Chesworth, 1996).

L'intestin grêle est un long tube de 20 à 25 m qui se compose de trois parties distinctes: le duodénum, le jéjunum et l'iléon. Il fait immédiatement suite à l'abomasum au niveau de pylore (Gadoud et al, 1992; Lhoste et al, 1993; Chesworth, 1996; De Simiane, 2002). C'est le siège principal de la digestion de tous les aliments car c'est l'unique lieu de sécrétion des sucs biliaires et pancréatiques. De plus, l'intestin grêle est le principal lieu de l'absorption des nutriments et autres substances utiles (Gadoud et al, 1992; Chesworth, 1996).

Le gros intestin est plus gros et plus court (4 à 8 m) que l'intestin grêle. Il comprend le caecum, le côlon et le rectum. Il ne sécrète pas de sucs digestifs (Gadoud et al, 1992; Chesworth, 1996; De Simiane 2002). Comme chez la plupart des espèces, le gros intestin est le lieu d'une activité intense de fermentation. Il fait également office de lieu d'entreposage des déchets jusqu'à leur excrétion sous forme de fèces par l'anus via l'ampoule rectale. Il est également le lieu d'absorption, bien qu'en quantités infimes de l'eau, des minéraux, de l'ammoniac et d'un mélange d'acides gras volatils ; dix fois moins que dans le réticulo-rumen (Gadoud et al, 1992; Chesworth, 1996).

Les glandes annexes sont à l'origine de sécrétions digestives. Ces glandes peuvent être bien individualisées (glandes salivaires, foie et pancréas) ou disséminées dans la paroi du tube digestif (glandes gastriques, glandes intestinales). Celles des ruminants présentent cependant quelques particularités.

➤ les glandes salivaires sont très développées. Elles sécrètent environ 10 litres de salive par jour chez les caprins. Elles jouent un rôle essentiel dans l'humidification du bol alimentaire. La sécrétion salivaire est continue mais elle augmente fortement pendant la mastication. La salive des ruminants ne contient pas de ptyaline. Elle constitue une véritable solution – tampon,

➤ la bile n'a pas de rôle important chez ruminants qui ingèrent peu de lipides (Gadoud et al, 1992; Chesworth, 1996).

1.2 Digestibilité des aliments

La valeur alimentaire mesure l'aptitude d'un aliment à couvrir les besoins nutritionnels liés à l'entretien de l'animal, c'est-à-dire à ses fonctions vitales et aux productions. Elle associe donc sa valeur nutritive, qui traduit sa concentration en nutriments, et son aptitude à être ingéré (Roberge et Toutain, 1999). Cependant, les aliments ingérés ne sont pas absorbés en totalité, une partie des ingesta traverse l'appareil digestif et se retrouve dans les fèces. L'utilisation digestive des aliments est caractérisée par leur digestibilité (Gadoud et *al*, 1992). La mesure de la digestibilité est la méthode de référence pour déterminer la valeur nutritive d'un aliment (Roberge et Toutain, 1999). Il existe trois types de méthodes de détermination de la digestibilté: *in vivo, in vitro* et *in situ* ou *in sacco*.

1.2.1 Digestibilité *in vitro*

Il existe des méthodes de détermination rapides et précises de digestibilité *in vitro* au laboratoire. L'une d'entre elles est la technique de production des gaz *in vitro* initiée par Tilley et Terry en 1963 puis modifiée par Menke et Steingass en 1988. Celle-ci pouvait être réalisée en 96 heures. Blümmel et Orskov (1993) rehaussent sa précision en limitant la fermentation à 24 heures et en dégradant le résidu dans du Neutral Détergent Solution (NDS) (Nherera et *al*, 1999).

L'objectif de cette méthode est de déterminer, rapidement avec autant de précision que possible, la valeur nutritive d'un aliment avant son utilisation par les animaux d'élevage (Nherera et *al*, 1999).

Cette technique est basée sur la présomption que les volumes de gaz produits pendant l'incubation reflètent la fermentation du substrat en acides gras volatils, en gaz carbonique (CO_2) et en méthane (CH_4). Elle décrit la cinétique de fermentation basée sur un modèle exponentiel (Nherera et *al*, 1999)

Des échantillons pesés en triple sont mis à incuber dans des seringues avec comme inoculum du liquide ruminal, du liquide fécal ou une solution de pepsine-cellulase. L'ensemble est maintenu à la température constante à l'aide d'un bain-marie à 39°C pendant 24 heures. Les volumes de gaz produits peuvent être enregistrés après 4, 6, 8, 12 et 24 heures ou 3, 9, 12, 18 et 24 heures d'incubation. Le résidu est entièrement vidé dans un bêcher, la seringue rincée deux ou trois fois avec du NDS et vidée dans le même bêcher pour dégrader celui-ci, cette fraction étant considéré comme soluble mais non fermentescible (Blümmel et al.; 1997).

1.2.2 Digestibilité *in vivo*

L'objectif de cette méthode est de confirmer l'authenticité des résultats obtenus *in vitro*. En effet, elle permet d'avoir une idée beaucoup plus précise de la valeur alimentaire d'un aliment, un fourrage en l'occurrence car elle est exécutée directement sur les animaux.

La digestibilité *in vivo* est la proportion d'aliments qui disparaît dans le tube digestif. Elle consiste à faire le bilan entre les nutriments ingérés et ceux excrétés dans les fèces de l'animal La digestibilité apparente (Da) s'obtient par la formule suivante (Gadoud et *al*, 1992 ; Demarquilly et *al* 1995 ; Roberge et Toutain, 1999) :

$$Da = \frac{\text{Ingéré} - \text{Excrété dans les fèces}}{\text{Ingéré}}$$

Pour la validité des mesures, les animaux doivent être en nombre suffisant et doivent être soumis à une période pré – expérimentale d'adaptation au régime d'une longueur suffisante (une à trois semaines(s) puis à une période expérimentale suffisante de 5 à 14 jours (Demarquilly et *al*, 1995).

Pour faciliter la mesure des quantités ingérés et excrétées, les animaux (très souvent des petits ruminants) sont maintenus dans des cages métaboliques individuelles petit parc surélevé dans lequel on peut placer l'animal durant plusieurs jours, dont le sol est constitué d'un caillebotis ou d'un treillis métallique. Sous la cage, se trouve dispositif permettant de collecter séparément les fèces et les urines. La collecte des fèces et de l'urine doit avoir lieu chaque matin à la même heure (Demarquilly et *al*, 1995;Chesworth, 1996). Elle est souvent décalée de 24 à 48 heures car il est supposé que l'indigestible de l'aliment ingéré le jour 'j' est surtout excrété durant le jour 'j+l' (Demarquilly et *al*, 1995).

1.2.3 Aptitudes digestives

Dans les tropiques, les ruminants ont besoin d'une teneur en protéine brute de 7 % dans la ration pour maintenir leur poids vif et une teneur de celle-ci variant de 10 à 11 % permet d'accroître leur poids vif (Mc Dowell, 1972).

1.2.3.1 Digestion des graminées

La partie fibreuse de la ration met plus de temps à être digérée, or c'est cette fraction qui constitue la principale composante des aliments ingérés par la majorité des ruminants. La vigueur avec laquelle les microbes dégradent les aliments pénétrant dans le rumen dépend de la vitesse avec laquelle ils grandissent et se reproduisent Pour grandir, les microbes ont besoin d'assez d'énergie pour satisfaire leurs besoins. Les aliments, très fibreux ne permettent pas de satisfaire les besoins énergétiques des microbes, il s'en suit un ralentissement de la dégradation des aliments (Chesworth, 1996). Le fait d'ajouter une petite dose d'aliments facilement dégradables peut stimuler la flore microbienne de sorte que, non seulement ils dégradent activement ces nouveaux aliments, mais ils attaquent les premiers avec plus de vigueur. L'apport d'un supplément protéique ou énergétique même minime à une ration pauvre peut accroître considérablement l'ingestion (Chesworth, 1996).

La digestibilité de la cellulose est élevée dans les plantes jeunes et diminue au fur et à mesure que la teneur en parois et la lignification de ces parois augmentent. La lignine est indigestible chez toutes les espèces. En outre, elle rend la cellulose plus inaccessible ou résistante aux bactéries cellulolytiques (Jarrige et al, 1995). La lignine constitue donc une barrière à la digestion des parois dans toutes les espèces y compris les herbivores (Gadoud et al., 1992). Les feuilles des graminées sont plus digestibles que les tiges, même quand elles sont encore vertes avec environ 3 % de MAT au maximum, leur digestibilité n'est que d'environ 50 % (Bayer et Bayer).

In vitro, la digestibilité de l'*Andropogon gayanus* peut atteindre 63 % pendant la saison des pluies, mais elle chute à 30-40 % à la fin de la saison sèche (Cook et al., 2005). La production d'acides gras volatils et de l'énergie métabolisable dans une ration constituée de *Panicum maximum* est respectivement de 1,09 mmol/40ml ; 9,52 MJ/kg.MS (Moussounda, 2005). Chez les moutons recevant du *Pennisetum purpureum* comme aliment, la digestibilité de la matière organique et de la matière sèche a été respectivement de 66 % et 57 % et la production de gaz après 24h a été de 33,1 MJ.kg^{-1}.MS (Mbuthia et Gachuiri, 2003). La digestibilité apparente de la matière sèche et de la matière organique du Panicum maximum est respectivement de 58,34 % et 60,37 % (Moussounda, 2005).

In vivo, la digestibilité du foin de panicum maximum est de 19,4 % (Ademosum et al., 1988). La digestibilité de la matière organique du *Panicum maximum* varie de 54 à 73 % (Roberge et Toutain, 1999). La digestibilité de la matière sèche du *Panicum maximum* varie de 50 à 64 % en fonction de l'âge des repousses (Cook et al., 2005). Chez les agneaux, la digestibilité de la matière sèche, de la matière organique, de la protéine brute et de la cellulose de la paille de *Cynodon nlemfuensis* est respectivement de 66,83 %, 68,43 %, 69,93 % et 71,17 % (Njwe, 1993). La digestibilité du *Panicum spp.* et de l'*Andropogon gayanus* varie respectivement de 35 à 45 % et de 30 à 38 % (Chenost, 1995). Dulphy et al (1990) rapportent des valeurs de 55,1, 55,6 et 46,6 % respectivement pour la digestibilité de la matière organique, de la cellulose brute et de la protéine brute chez les caprins alimentés à la paille des graminées

1.2.3.2 Digestion des légumineuses herbacées

La digestibilité des légumineuses des zones tropicales est en moyenne de 56 % (Bayer et Bayer, 1999). La différence de digestibilité et de taux d'azote entre les vieilles et les jeunes feuilles est faible. Par contre, elle est plus importante entre les feuilles et les tiges. Néanmoins, les vieilles tiges contiennent tout de même environ 1 % d'azote (Bayer et Bayer,

1999). La supplémentation des rations par des concentrés améliore la digestibilité apparente de la matière organique de la ration à cause de la diminution de la teneur en parois de la ration (Gadoud et al., 1992; Jarrige et al., 1995).

L'apport de l'azote produit le même effet que celui de l'énergie sur la vitesse de dégradation microbienne. Les microbes ont en effet besoin d'azote pour fabriquer leurs propres protéines. En absence d'azote, ils sont incapables de survivre et de dégrader les particules alimentaires Le fait de nourrir le bétail en augmentant la quantité de protéines accroît fortement l'ingestion (Chesworth, 1996). En région tropicale, l'adjonction d'une petite quantité de concentré stimule la fermentation ruminale d'une manière telle que les microbes digèrent beaucoup plus rapidement la fraction lignifiée des aliments. Etant donné que les fibres quittent beaucoup plus rapidement le rumen, l'animal consomme davantage du fourrage (Chesworth, 1996). De plus, les concentrés apportent les protéines qui stimulent l'appétit (Gadoud et al., 1992). En général, l'apport de concentrés a une incidence minime sur l'ingestion des fourrages, mais il conduit souvent à une amélioration spectaculaire de la productivité de l'animal (Chesworth, 1996).

Les matières azotées subissent dans le réticulo-rumen, une dégradation microbienne plus ou moins intense et rapide dont l'ammoniac est le produit terminal le plus important (Chesworth, 1996). En présence d'énergie et des chaînes carbonées, l'ammoniac peut ensuite être utilisé pour la synthèse des protéines utilisées par les bactéries (Gadoud et al., 1992). Dans la mesure où il n'est pas utilisé par les microorganismes, l'ammoniac restant est en majorité absorbé au niveau de la paroi du réticulo- rumen (Gadoud et al., 1992; Fonty et al., 1995). Les matières azotées arrivant dans la caillette sont de deux ordres: alimentaires et microbiennes (Gadoud et al; 1992; Fonty et al., 1995; Chesworth, 1996) et sont soumises à un environnement très acide (Gadoud et al., 1992; Fonty et al., 1995; Chesworth, 1996). Dans l'intestin grêle, au niveau du duodénum, les matières azotées sont digérées en quasi-totalité par les enzymes pancréatiques. Ces matières azotées sont des protéines alimentaires et microbiennes assez bien pourvues en acides aminés indispensables (Gadoud et al., 1992). Les acides aminés obtenus sont absorbés au niveau du duodénum. Dans le gros intestin, il n'y a aucune sécrétion digestive. Les cellules bactériennes ne sont pratiquement pas attaquées. Il n'y a donc pas ou très peu d'acides aminés absorbés à ce niveau (Gadoud et al., 1992; Fonty et al., 1995; Chesworth, 1996). La digestibilité apparente de l'azote est très variable et dépend essentiellement de la teneur en matière azotée totale (MAT). En général elle augmente quand la teneur en MAT de la ration augmente (Jarrige et al, 1995). Les digestibilités les plus élevées sont observées dans les aliments riches en protéines où la majeure partie de l'azote alimentaire est absorbée par l'organisme sous forme d'ammoniac. Dans les aliments pauvres en protéine, une partie de l'ammoniac est absorbée dans le rumen et recyclée en urée via la salive. Cette diminution de quantité d'ammoniac entraîne une réduction de la digestion des microorganismes (Close et Menke, 1986). Pour assurer une digestion normale dans le rumen, une teneur minimale d'azote de 1 % est suffisante pour les fourrages (Jarrige et al, 1995).

In vitro, la digestibilité de la matière organique est de 56,25 et 58,19 % respectivement pour les animaux alimentés aux chaumes de maïs et pour ceux alimentés aux chaumes de maïs associées à l'*Arachis glabrata* (Oussou, 2004). Chez les moutons recevant 80 % de *Pennisetum purpureum* et 20 % de *Dolichos lablab*, la digestibilité de la matière organique et de la matière sèche ont été respectivement de 67 % et 60 % , la production de gaz après 24h a été de 34,4 MJ.kg^{-1}.MS (Mbuthia et Gachuiri, 2003). Chez les moutons recevant 80 % de *Pennisetum purpureum* et 20 % de *Mucuna pruriens*, la digestibilité de la matière organique et de la matière sèche ont été respectivement de 63 % et 56 %, la production de gaz après 24h a été de 31,2 MJ.kg^{-1}.MS (Mbuthia et Gachuiri, 2003).

In vivo, lorsque le *Cynodon nlemfuensis* est supplémenté par 20 % de tourteau de coton chez les ovins, la digestibilité de la matière sèche, de la matière organique, de la protéine brute et de la cellulose est respectivement de 81,21 %, 82,77 %, 88,51 % et 80,12 % (Njwe, 1993).

1.2.3.3 La digestibilité des ligneux

La digestibilité de la matière organique des aliments diminue quand la teneur en parois augmente (Gadoud et al., 1992; Jarrige et al., 1995). Chez les ruminants, c'est grâce à la présence d'une population microbienne dense dans les pré-estomacs que les parois lignifiées, et donc la matière organique des fourrages peut être utilisée efficacement. C'est alors la proportion des parois lignifiées qui limite la digestibilité des parois et donc celle de la matière organique. Prévoir la digestibilité des fourrages revient en définitive à prévoir leur teneur en parois lignifiées (Gadoud et al., 1992). La teneur en parois, et surtout en parois lignifiées est plus élevée dans les fourrages que dans les aliments concentrés, c'est pourquoi la digestibilité des concentrés est supérieure à celle des fourrages. La digestibilité des fourrages est très variable selon l'origine botanique, le stade végétatif et les conditions de récolte. La digestibilité des aliments concentrés varie d'environ 70 % à 90 % chez les ruminants (Gadoud et al., 1992). Bien que la teneur en matières azotées des ligneux soit souvent élevée, leur digestibilité est très variable à cause des facteurs antinutritionnels (Guérin et al., 2002). La digestibilité de la matière organique des ligneux fourragers est influencée par leur composition chimique et leur âge (Jarrige et al., 1995).

In vitro, lorsque le *Panicum maximum* est incubé en présence du *Leucaena diversifolia*; la production d'acides gras à courte chaînes et de l'énergie métabolisable est respectivement de 09,52 MJ/Kg.MS et 09,59 MJ/Kg.MS (Moussounda, 2005). Lorsque le *Panicum maximum* est incubé en présence du *Leucaena diversifolia*, la digestibilité apparente de la matière sèche et de la matière organique est respectivement de de 58,34 % et 60,37 % (Moussounda, 2005).

In vivo, la digestibilité de la matière organique des ligneux fourragers est en moyenne de 54,50 % chez les caprins (Jarrige et al, 1995). La digestibilité de la matière organique des feuilles des ligneux fourragers est en moyenne de 54,50 % (Jarrige et al, 1995). Lorsque les caprins sont alimentés aux feuilles des ligneux fourragers, Dulphy et al (1990) rapportent des valeurs de 54,5 %, 30, 5 % et 62 % respectivement pour la digestibilité de la matière organique, de la cellulose brute et de la matière azotée totale. Les petits ruminants consommant du *Panicum maximum* et supplémentés au *Leucaena leucocephala* ou au *Gliricidia sepium* ont respectivement eu des gains moyens quotidiens de 43,5 g et 36,0 g (Ademosum et al., 1985). Par ailleurs, Jarrige et al.(1995) ont enregistré une digestibilité de la matière organique des ligneux fourragers + 30 % de concentré de l'ordre de 73,90 %. La digestibilité de la matière organique des ligneux fourragers + 30% de concentré est de 73,90 %.(Jarrige et al., 1995). La digestibilité de la matière sèche du *Panicum maximum* + 30 g de *Gliricidia sepium*/Kg^{0,75} est de 37,9 %, celle de Panicum sp. + 30 g de *Leucaena sp.*/Kg^{0,75} est de 32,6 % (Ademosum et al, 1985).

1.3 Alimentation et performances pondérales

L'alimentation est l'un des facteurs essentiels de la réussite de l'élevage (Pensuet et Toussaint, 1995). Une bonne alimentation doit apporter à l'organisme suffisamment de nutriments pour couvrir les besoins d'entretien et de production (Rivière, 1991). Dans les systèmes d'élevage en Afrique tropicale, les ruminants utilisent plusieurs types de ressources alimentaires. En effet, ils consomment aussi bien des aliments grossiers tels que les fourrages verts ou conservés que les aliments concentrés tels que les céréales, les protéagineux, les tourteaux et des sous produits divers (Lhoste et al., 1993; Chesworth, 1996). Cependant, les fourrages restent leur principale source d'alimentation. Les fourrages sont des aliments dont la composante fibreuse est très abondante (Chesworth, 1996).

1.3.1 Alimentation et performances à base de graminées

1.3.1.1 Alimentation des ruminants à base de graminées

Les pâturages tropicaux sont dominés par les graminées dont la valeur nutritive diminue rapidement avec le vieillissement de la plante (Gadoud et al., 1992). Chez les ruminants, les fourrages et principalement les graminées constituent la base de leur alimentation et peuvent être pâturées en champ, utilisées sous forme de foin ou d'ensilage (Chesworth, 1996). L'ingestion journalière de matière sèche d'aliments grossiers varie entre 1,5 et 3 % du poids corporel selon que le régime du petit ruminant est pauvre ou de bonne qualité (Gatenby, 1991).

1.3.1.2 Performances des ruminants alimentés aux graminées

Pamo et al (2004), dans une étude où les chèvres recevaient une supplémentation de og et 390g de Leucaena leucocephala ont enregistrés des poids vif respectifs de 11,2 et 13,1 kg. Les moutons consommant du *Pennisetum purpureum* ont obtenu un gain moyen quotidien de 45,2 g (Fomunyam et Meffeja, 1987). Nantoumé et al (1996) ont obtenu un gain moyen quotidien de -94 g chez les moutons recevant la paille de brousse et les chaumes de céréales, et conclu que ces fourrages de qualité médiocre étaient si pauvres en protéines et en énergie digestible qu'ils ne pouvaient satisfaire les besoins d'entretien des animaux. Au Cameroun, Pamo et al (2002) ont obtenu des gains moyens quotidiens de 3,1 et de 1,7 g respectivement chez la chèvre naine de Guinée élevée en milieu rural et en station sur pâturage dominé par *Brachiaria ruziziensis* et *Pennisetum purpureum*.

Bouchel et al (1992), dans une étude où les ovins recevaient une ration composée de *Brachiaria ruziziensis* + 100 g de mélasse ont enregistré un poids carcasse et un rendement carcasse respectivement de 3,93 kg et 34,03 %. Les performances de la note d'état corporel augmentent lorsque la ration est riche, notamment en azote, ceci entraîne la formation rapide des tissus et un dépôt de graisse; par contre, lorsque la ration est pauvre, notamment en azote, l'animal s'adapte en mobilisant ses réserves corporelles et ceci entraîne une diminution de sa note d'état corporel (Fehr, 2002).

1.3.2 Performances des ruminants supplémentés aux légumineuses herbacées

1.3.2.1 Supplémentation aux légumineuses herbacées

Les légumineuses sont généralement utilisées comme supplément pour complémenter la ration des ruminants, notamment pendant la saison sèche (Leng, 1997; Bayer et Bayer, 1999). L'incorporation des légumineuses dans la ration des ruminants améliore leurs performances (Chesworth, 1996). Les feuilles de *Mucuna pruriens* peuvent être utilisées comme fourrage vert, foin, ensilage et les graines comme aliment du bétail (Cook, 2005).

1.3.2.2 Performances des ruminants supplémentés aux légumineuses herbacées

Lorsque le *Dolichos lablab* est supplémenté au *Pennisetum purpureum* chez les ovins, on observe une augmentation de l'ingestion de la matière sèche de 22,9 % et de celle de la matière organique de 15,7 % (Mbuthia et Gachuiri, 2003). Cook et al (2005), ont obtenu chez les moutons un gain moyen quotidien de 60g dans une étude où les graines de *Mucuna pruriens* étaient utilisées comme supplément. Des agneaux en croissance recevant du *Mucuna pruriens* comme supplément on enregistré un gain moyen quotidien de 95 g/animal jour contre 63 g chez les agneaux non supplémentés (Castillo-Caamal et al., 2003)

1.3.3 Performances des ruminants supplémentés aux ligneux

1.3.3.1 Supplémentation aux ligneux

Dans les systèmes sylvopastoraux, les ligneux peuvent constituer une part non négligeable de l'apport fourrager sur parcours, notamment en période de soudure (Bayer et Bayer, 1999; Guérin et al., 2002). En élevage, les ligneux servent principalement de complément pour les petits ruminants, les animaux de trait et les vaches laitières. La ration de base est assurée par des fourrages de bonne qualité ou des sous produits agro-industriels. Ce complément peut procurer un apport intéressant en azote (Guérin et al., 2002

L'utilisation des ligneux fourragers est spontanée et très variable suivant les disponibilités en d'autres fourrages et peut atteindre 30 % de la ration des bovins, 50 % de celle des ovins et 80 % de celle des caprins et camélins. Le rôle fourrager des ligneux dépend de leur valeur alimentaire et de plusieurs autres facteurs: appétibilité, stade phénologique, accessibilité, pratiques éventuelles de récoltes et de commercialisation (Guérin et al., 2002).

1.3.3.2 Performances des ruminants supplémentés aux ligneux

En Tanzanie, Mtenga et Shoo (1990) ont obtenu des gains moyens quotidiens de 20, 23, 29 et 30 g/jour chez les chèvres recevant respectivement du foin, du foin + 100 g de *Leucaena leucocephala*, du foin – 200 g de *L. leucocephala* et du *L. leucocephala* à volonté. Dans une étude comparée des performances des chèvres naines de Guinée supplémentées au *Leucaena. leucocephala*, au *Gliricidia sepium* ou au tourteau de coton dans l'ouest Cameroun, Pamo et al (2001) ont obtenu des gains moyens quotidiens de 4,03; 4,36; 17,33 et 18,83 g/jour respectivement chez les animaux du lot non supplémenté (témoin), des lots recevant le *Gliricidia. sepium*, le *Leucaena. leucocephala* et le tourteau de coton. De même, la supplémentation avec différents niveaux de feuilles de *Leucaena leucocephala* (0, 390, et 780 g/animal/jour) a permis à la chèvre naine de Guinée de réaliser des gains de poids quotidiens de 18,0 ; 46,7 et 48,8 g respectivement (Pamo et al., 2004). Au Zimbabwe, Dzowela et al (1994) ont obtenu une croissance pondérale de 24 g/jour lorsqu'ils offraient 0,14 kg de MS de *Calliandra calothyrsus* comme supplément aux chèvres pendant la saison sèche. Au Cameroun, Pamo et al (2001) dans une étude comparative de l'effet de la supplémentation au *Calliandra calothyrsus*, *Leucaena. leucocephala* ou au tourteau de coton sur les performances pondérales de la chèvre naine de guinée obtiennent des gains totaux de 0,97; 1,03; 1,09 et 1,91 kg, soit des gains moyens quotidiens de 11,54; 12,26; 13,00 et 22,73 g respectivement pour les chèvres non supplémentées (témoin), supplémentées aux feuilles fraîches de *Calliandra. calothyrsus*, de *Leucaena leucocephala* et au tourteau de coton. Ruppol et al (2000), nourrissant les chèvres naines de Guinée à base d'un bloc de haute valeur nutritive constitué de 50 % de feuilles broyées de *Leucaena leucocephala*, 10 % de feuilles de manioc, 15 % de poudre d'os, 10 % de ciment et 5 % de sel ont obtenu des gains moyens quotidiens de 79,1 et 47,7 g respectivement pour le lot d'animaux supplémentés et celui non supplémenté (témoin) sur une période de 30 jours, et sur une période de 60 jours, ils ont obtenus des gains moyens quotidiens de 79,6 g et 39,6 g respectivement pour le lot d'animaux supplémenté et celui non supplémenté. Les petits ruminants consommant du *Panicum maximum* et supplémentés au *Leucaena leucocephala* ou au *Gliricidia sepium* ont respectivement eu des gains moyens quotidiens de 43,5 g et 36,0 g (Ademosum et al., 1985).

1.3.4 Performances des animaux supplémentés aux concentrés

1.3.4 1 Supplémentation aux concentrés

De nombreuses études ont porté sur l'influence de l'utilisation des tourteaux et autres suppléments sur les performances pondérales des petits ruminants. Mfewou (2001) a obtenu des gains moyens quotidiens de 0,017 kg et -0,012 kg, respectivement chez les caprins supplémentés au tourteau de coton et chez ceux non supplémentés à Garoua. Okello et al (1996) ont observé chez le bouc entier Mubende un gain de poids de 30,1 g/j lorsque le *Pennisetum purpureum* était supplémenté au tourteau de coton avec un apport de 10 g d'azote par animal et par jour, Zemmelink et al (1985) ont enregistré chez la chèvre naine de Guinée des résultats similaires à ceux d'Okello et al (1996) Au Cameroun, Pamo et al (2002) ont obtenu des gains de poids de 19,10 et de 19,89 g/j respectivement en milieu paysan et en station lorsque les chèvres naines de Guinée recevaient 88,86 g de tourteau de coton par animal et par jour correspondant à 6 g d'azote. Le poids des chevreaux nés des chèvres recevant 0,22 et 33% de grains de coton était de 6,80; 6,98 et 6,25 kg, soit des gains totaux de 2,31; 3,18 et 2,14 kg, soit des gains totaux de 2,31; 3,18 et 2,14 kg et des gains moyens quotidiens de 47, 57 et 42 g respectivement (Ouedraogo et al., 2000). Les moutons supplémentés aux graines de *Mucuna pruriens* ont enregistré un gain moyen quotidien de 60 g, supérieur au 40 g obtenu par les moutons lorsqu'ils recevaient un concentré commercial (Cook et al, 2005).

Avec une ration de base composée de *Brachiaria ruziensis* et de mélasse de canne (100g), Bouchel et al (1992) ont enregistré des poids carcasse des ovins était de 3,93; 8,03; 9,50 kg respectivement pour les animaux non supplémentés, les animaux supplémentés à 200 g de tourteau de coton et ceux supplémentés à 400 g de tourteau de coton. Bouchel et al (1992) ont obtenu chez les ovins des rendements carcasse de 34,03; 40,05; 44,56 % respectivement pour les animaux non supplémentés, les animaux supplémentés à 200 g de tourteau de coton et ceux supplémentés à 400 g de tourteau de coton. Ngo tama (1989) a enregistré un rendement carcasse de 42 % chez les ovins recevant une ration composée de coques de coton et de tourteau de coton. Akinsoyinu et al (1973) et Ginistry (1978) ont respectivement obtenu des rendements carcasse de 50 et 49,6 %. Mfewou (2001) a obtenu des notes d'état corporel de 2,61 et 3,55 respectivement chez les caprins non supplémentés au tourteau de coton et ceux supplémentés au tourteau de coton.

CHAPITRE II :
MATERIEL ET METHODES

2.1 Milieu d'étude

2.2 Effets de différents niveaux de supplémentation avec la farine des graines de *Mucuna pruriens* sur les performances pondérales des boucs nains de Guinée

    2.2.1 Matériel animal

        -Logement

        -Protection sanitaire

    2.2.2 Conduite de l'alimentation

    2.2.3 Données collectées

        -Consommation alimentaire

        -Poids vif

        -Note d'état corporel

        -Poids carcasse

    2.2.4 Paramètres étudiés

        -Consommation alimentaire

        -Poids vif

        -Gain moyen quotidien

        -Note d'état corporel

        -Poids carcasse

        -Rendement carcasse

    2.2.5 Plan expérimental et analyses statistiques

2.3 Effet de différents niveaux de supplémentation avec la farine des graines de *Mucuna pruriens* sur la digestibilité in vivo d'*Andropogon gayanus* et de *Ficus sycomorus*

    2.3.1 Matériel animal

        -Logement

        -Protection sanitaire

    2.3.2 Conduite de l'alimentation

    2.3.3 Données collectées

        -Consommation alimentaire

        -Production fécale

    2.3.4 Paramètres étudiés

        -Digestibilité apparente de l'azote

        -Digestibilité apparente de la matière organique

2.3.5 Plan expérimental et analyses statistiques

2.4 Effet de la supplémentation avec la farine des graines de *Mucuna pruriens* sur la digestibilité in vivo d'*Andropogon gayanus* ou de *Ficus sycomorus*

    2.4.1 Matériel animal

        -Logement

    2.4.2 Conduite de l'alimentation

    2.4.3 Données collectées

        -Consommation alimentaire

        -Production fécale

    2.4.4 Paramètres étudiés

        -Digestibilité apparente de l'azote

        -Digestibilité apparente de la matière organique

        -Digestibilité apparente de la cellulose

    2.4.5 Plan expérimental et analyses statistiques

2.5 Effet de la supplémentation avec la farine des graines de *Mucuna pruriens* sur la dégradation in vitro d'*Andropogon gayanus* ou de *Ficus sycomorus*

    2.5.1 Collecte des échantillons et site de l'étude

    2.5.2 Détermination de la composition bromatologique des aliments

        2.5.2.1 Détermination de la matière sèche, des cendres et de la matière organique (A.O.A.C., 1990)

        2.5.2.2 Détermination des protéines brutes (A.O.A.C., 1990)

        2.5.2.3 Détermination de la cellulose brute (Van Soest et al., 1991)

    2.5.3 Dégradation in vitro (Makkar, 2002)

        - Préparation des échantillons et de la solution mère

        - Conditionnement et incubation des échantillons et de la solution mère

        - Collecte du liquide ruminal et incubation

        - Collecte des données

        - Paramètres calculés

    2.5.4 Plan expérimental et analyses statistiques

MATERIEL ET METHODES

2.1 Milieu d'étude

Cette étude a été réalisée de novembre 2004 à juillet 2005 à la station polyvalente de l'Institut de Recherche Agricole pour le Développement (IRAD) de Garoua située entre 9^0 et10^0 de latitude et 13^0 et 14^0 05' de Longitude Est. Les sols de la localité sont ferrugineux et sont issus des grès du crétacé supérieur (Humbel et Barbery, 1973). Le climat est de type soudano-sahélien avec 2 saisons. Une saison sèche de novembre à avril et une saison de pluies de mai à octobre. Les précipitations moyennes annuelles varient entre 800 et 1200 mm. Les températures moyennes annuelles varient entre 27^0 et 30^0C. Tout au long de l'année, le bétail se nourrit essentiellement des graminées des parcours dominés par : *Andropogon pseudapricus, Setaria pumila, Loudetia togoensis, Andropogon gayanus* et de ligneux : *Anogeissus leiocarpus, Parinari curatellifolia, Monites kerstingii, Combretum glutinosuum* (Donfack et al., 1996).

2.2 Effets de différents niveaux de supplémentation avec la farine des graines de *Mucuna pruriens* sur les performances pondérales des boucs nains de Guinée

2.2.1 Matériel animal

Vingt quatre boucs nains de Guinée pesant en moyenne 11 ± 1,09 kg ont été achetés dans les marchés de Garoua. Leur âge qui variait de 1 à 2 ans a été déterminé par la méthode de dentition (Corcy, 1991). Trois lots de boucs de poids moyens initiaux respectifs de 11,36 ± 0,73; 11,33 ± 0,88 et 11,33 ± 1,20 kg ont été constitués à raison de 8 boucs par lot.

- **Logement**

Vingt quatre loges rectangulaires en parpaings avec aire bétonnée servaient d'abri individuel aux vingt quatre boucs. Chaque loge mesurait 0,5 m de large, 1 m de long et 1,5 m de hauteur. L'un des quatre murs était construit avec du grillage pour faciliter l'aération. Chaque loge était dotée d'une mangeoire et d'un abreuvoir.

- **Protection sanitaire**

Avant le début de l'essai, tous les animaux ont été vaccinés contre la peste des petits ruminants à l'aide du Capripestovax. Un déparasitage interne a été fait à l'aide du Levamisole 10 % (1 ml/10 kg de poids vif par animal).

2.2.2 Conduite de l'alimentation

Chacun des 3 lots de 8 boucs a été soumis pendant 90 jours à l'un des traitements suivants:

Traitement 1 : *Andropogon gayanus* (2 kg) et feuilles sèches de *Ficus sycomorus* (200 g)

Traitement 2 : *Andropogon gayanus* (2 kg), feuilles sèches de *Ficus sycomorus* (200 g) et farine de graines de *Mucuna pruriens* (100 g)

Traitement 3 : *Andropogon gayanus* (2 kg), feuilles sèches de *Ficus sycomorus* (200 g) et farine de graines de *Mucuna pruriens* (150 g).

Avant la phase expérimentale, les boucs ont eu une phase d'adaptation de 14 jours pendant laquelle chaque bouc recevait 150 g de *Mucuna pruriens* et un aliment de base composé de *Andropogon gayanus* (2 kg) + feuilles sèches de *Ficus sycomorus* (200 g). Les graines de *Mucuna pruriens* étaient récoltées dans les champs expérimentaux de l'IRAD, puis étaient traitées à la vapeur pendant 30 minutes afin de détruire la L-dopa qui est un facteur anti-nutritionnel (Sandoval et al., 2003). Ces graines étaient ensuite écrasées dans un broyeur électrique afin d'obtenir une farine.

Pendant l'essai, cette farine de *Mucuna pruriens* a été servi chaque matin à raison de 100 ou 150 g par bouc et le refus était évalué 2 heures après le service. Le *Ficus sycomorus* était offert après l'évaluation de la consommation du *Mucuna pruriens* et son refus était évalué le lendemain.

Les feuilles fraîches de *Ficus sycomorus* étaient récoltées dans une plantation âgée de 12 ans, puis séchées à l'air libre pendant 2 à 3 jours. Chaque matin après la collecte du refus de *Mucuna pruriens,* 200 g de feuilles de *Ficus sycomorus* séchées était distribué à chaque bouc et le refus de *Ficus sycomorus* était mesuré le lendemain matin.

L'*Andropogons gayanus* était récolté dans les champs expérimentaux de l'IRAD de Garoua et offert aux boucs chaque matin à raison de 2 kg par bouc, 20 minutes après le service du *Ficus sycomorus* et son refus était évalué le lendemain matin avant le service du *Mucuna pruriens*.

Les analyses chimiques de la farine de *Mucuna pruriens*, des feuilles d'*Andropogon gayanus* et des feuilles de *Ficus sycomorus* ont été réalisées au laboratoire de nutrition animale de la FASA à Dschang.

Figure 2 : Feuilles d'*Andropogon gayanus* (Graminée)

Figure 3 : Feuilles de *Ficus sycomorus* (Moracée)

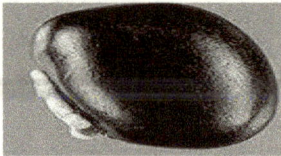

Figure 4 : Graine de *Mucuna pruriens* (Légumineuse)

2.2.3 Données collectées et calculées

*Données collectées

- **Offre et refus des aliments utilisés**

    Une évaluation de l'offre et du refus des différents aliments utilisés a été faite.

- **Note d'état corporel (NEC)**

    La note d'état corporel (NEC) de chaque bouc a été évaluée au début de l'essai, puis tous les 14 jours pendant 90 jours à l'aide de la technique de Fehr (1992) qui consiste à évaluer la Nec à partir d'une grille allant de 0 à 5 par palpation des régions lombaire et sternale de l'animal. L'animal est d'autant plus maigre que sa NEC se rapproche de 0, et il est d'autant plus gras que sa NEC se rapproche de 5. La NEC est obtenue en faisant la moyenne de la NEC lombaire et de la NEC sternale.

- **Poids vif**

Les boucs ont été pesés au début de l'essai, puis tous les 14 jours pendant 90 jours à l'aide d'une balance de 25 kg de portée maximale et de 100 g de précision.

*Données calculées

- **Consommation alimentaire**

Elle a été évalué par la différence entre l'offre et le refus des différents aliments de la ration (*Andropogon gayanus, Ficus sycomorus et Mucuna pruriens*).

- **Poids carcasse**

Quatre vingt-dix jours après le début de cet essai, 2 boucs de chaque lot (soit 6 boucs au total) ont été tués afin d'évaluer le poids carcasse (PC) par la formule suivante (FAO, 2004) :

PC=PV-PQ$_5$ PV=Poids vif

PQ$_5$=Poids du 5ème quartier (extrémité +peau +tube digestif)

-Note d'état corporel (NEC)

2.2.4 Paramètres étudiés

- **Consommation alimentaire**
- **Poids vif**
- **Gain moyen quotidien**

Le gain moyen quotidien par période et par traitement (GMQ$_P$) a été obtenu par la formule suivante :

GMQ$_p$ = (P$_a$ – P$_b$) / T   P$_a$ = Poids de l'animal à la fin de la période

P$_b$ = Poids de l'animal au début de la période

T = Durée de la période de 14 jours

Le gain moyen quotidien par traitement (GMQ) pendant l'étude a été obtenu par la formule suivante :

GMQ = (P' – P) / T   P = Poids de l'animal au début de l'étude

P' = Poids de l'animal à la fin de l'étude

T = Durée de l'étude (jours)

- Note d'état corporel
- Poids carcasse

- Rendement carcasse

Le rendement carcasse (RC) a été obtenu par calcul. Le rendement carcasse a été évalué par la formule suivante (FAO, 2004):

RC = 100(PV)/PC   PV = Poids vif

PC = Poids carcasse

2.2.5 Plan expérimental et analyses statistiques

L'essai a été réalisé suivant un plan complètement randomisé. Les traitements ont été soumis à l'analyse de variance à une dimension et quand le facteur étudié (ration) était significatif, les différences entre les moyennes des traitements ont été séparées par le test de Duncan au seuil de 5% à l'aide du logiciel SPSS.

Le modèle statistique était le suivant :

$$Y_{ij} = \mu + \alpha_i + e_{ij}$$

Y_{ij} = Performances pondérales (poids vif, gain moyen quotidien note d'état corporel, poids carcasse, rendement carcasse)

M = Moyenne générale

α_i = Effet de la ration

e_{ij} = Erreur résiduelle sur l'animal j ayant reçu la ration i

2.3 Effet de différents niveaux de supplémentation avec la farine des graines de *Mucuna pruriens* sur la digestibilité *in vivo* d'*Andropogon gayanus* et *Ficus sycomorus*

2.3.1 Matériel animal

Au terme du 1er essai, 6 boucs ont été abattus pour l'évaluation du poids et du rendement carcasse. Neuf des 18 boucs restants ont été choisi au hasard pour l'étude de digestibilité *in vivo* et leur poids moyen était de 11 ± 0,95 kg. Ces 9 boucs ont été répartis en trois lots de 3 boucs chacun, avec des poids initiaux respectifs de 11,76 ± 0,25; 11,60 ± 0,78 et 11,57 ± 0,81 kg.

- **Logement**

Neuf cages de digestibilité servaient de logement aux neuf boucs. Chacune mesurait 0,5 m de large, 1 m de long et 1,5 m de hauteur. Le plancher était recouvert de grillage sous lequel un dispositif adapté permettait de séparer les fécès des urines. Chaque cage était dotée d'une mangeoire et d'un abreuvoir.

- **Protection sanitaire**

Avant le début de l'essai, un déparasitage interne a été fait à l'aide du Levamisole 10 % (1 ml/10 kg de poids vif par animal).

2.3.2 Conduite de l'alimentation

Avant la phase expérimentale, les boucs ont eu une phase d'adaptation de 7 jours pendant laquelle chaque bouc recevait 150 g de *Mucuna pruriens* et un aliment de base composé de *Andropogon gayanus* (2 kg) et de feuilles sèches de *Ficus sycomorus* (200 g).

Chaque lot a été soumis à l'un des 3 traitements suivants:

Traitement 1 : *Andropogon gayanus* (2 kg) et feuilles sèches de *Ficus sycomorus* (200 g)

Traitement 2 : *Andropogon gayanus* (2 kg), feuilles sèches de *Ficus sycomorus* (200 g) et farine de graines de *Mucuna pruriens* (100 g)

Traitement 3 : *Andropogon gayanus* (2 kg), feuilles sèches de *Ficus sycomorus* (200 g) et farine de graines de *Mucuna pruriens* (150 g).

Chacun des neuf boucs a été affecté au hasard dans chacune des neuf cages de digestibilité et l'essai a duré 14 jours. Les 7 premiers jours étaient destinés à l'adaptation des boucs et les 7 derniers jours étaient destinés à la collecte des données

2.3.3 Données collectées et calculées

*Données collectées

- **Offre et refus alimentaire**

- **Production fécale**

Pendant les 7 jours de collecte des données, les fécès journaliers de chaque bouc étaient pesés à l'aide d'une balance électronique de marque Sartorius de 1200 g de portée maximale et de 0,01 g de précision. Un échantillon de 50 g de fécès était prélevé et placé dans une étuve à 60°C en vue de l'obtention du poids sec. Ensuite, ces échantillons ont été envoyé au Laboratoire National Vétérinaire (LANAVET) en vue de déterminer leur teneur en matière organique et en azote et d'évaluer la digestibilité apparente de la ration de chaque animal (Gadoud et al., 1992). La digestibilité de chaque ration a été obtenue en faisant la moyenne de la digestibilité des 3 répétitions de chaque lot.

*Données calculées

- **Consommation alimentaire**

Elle a été évalué par la différence entre l'offre et le refus des différents aliments constituant la ration (*Andropogon gayanus, Ficus sycomorus et Mucuna pruriens*).

2.3.4 Paramètres étudiés

- Consommation alimentaire

- Digestibilité apparente de l'azote

La digestibilité apparente (DA) de l'azote a été évalué par la formule suivante (Gadoud et al., 1992) :

DA = 100(I – F) / I   I = Ingéré

F = fécès

- Digestibilité apparente de la matière organique

La digestibilité apparente (DA) de la matière organique a été évalué par la formule suivante (Gadoud et al., 1992) :

DA = 100(I – F) / I   I = Ingéré

F = fécès

2.3.5 Plan expérimental et analyses statistiques

L'essai a été réalisé suivant un plan complètement randomisé. Les traitements ont été soumis à l'analyse de variance à une dimension et quand le facteur étudié (ration) était significatif, les différences entre les moyennes des traitements ont été séparées par le test de Duncan au seuil de 5% à l'aide du logiciel SPSS.

Le modèle statistique était le suivant :

$$Y_{ij} = \mu + \alpha_i + e_{ij}$$

Y_{ij} = Digestibilité apparente (azote, matière organique)

M = Moyenne générale

α_i = Effet de la ration

e_{ij} = Erreur résiduelle sur l'animal j ayant reçu la ration i

Le logiciel SPSS a également été utilisé pour la recherche :

➢ D'une corrélation entre la digestibilité apparente (azote ou matière organique) et les performances pondérales des boucs (poids vif, gain moyen quotidien).

➢ D'une corrélation entre les différentes performances pondérales des boucs prises deux à deux (poids vif, gain moyen quotidien).

2.4 Effet de la supplémentation avec la farine des graines de *Mucuna pruriens* sur la digestibilité in vivo d'*Andropogon gayanus* ou de *Ficus sycomorus*

2.4.1 Matériel animal

Douze boucs ont été choisis au hasard pour l'étude de digestibilité *in vivo* et affecté à 12 cages de digestibilité et leur poids moyen était de 11 ± 0,40 kg. Ces 12 boucs ont été répartis en quatre lots de 3 boucs chacun, avec de poids initiaux respectifs de 11,33 ± 0,13; 11,33 ± 0,67,

11,36 ± 0,72 et 11,40 ± 0,45 kg. Avant le début de l'essai, chaque animal a reçu un déparasitage interne à l'aide du Levamisole 10 % (1 ml/10 kg de poids vif par animal).

- **Logement**

Douze cages de digestibilité servaient de logement aux 12 boucs. Chacune mesurait 0,5 m de large, 1 m de long et 1,5 m de hauteur. Le plancher était recouvert de grillage sous lequel un dispositif adapté permettait de séparer les fécès des urines. Chaque cage était dotée d'une mangeoire et d'un abreuvoir

2.4.2 Conduite de l'alimentation

Avant la phase expérimentale, les boucs ont eu une phase d'adaptation de 07 jours pendant laquelle chaque bouc recevait 200 g de *Mucuna pruriens* et un aliment de base composé de *Andropogon gayanus* (1 kg) et de feuilles sèches de *Ficus sycomorus* (1 kg).

Pendant la phase expérimentale Chaque lot a été soumis à l'un des 4 traitements suivants:

Traitement 1 : *Andropogon gayanus* (1,5 kg)

Traitement 2 : *Ficus sycomorus* (1,5 kg)

Traitement 3 : *Andropogon gayanus* (1,5 kg) et la farine de graines de *Mucuna pruriens* (300 g)

Traitement 4 : *Ficus sycomorus* (1,5 kg) et la farine de graines de *Mucuna pruriens* (300 g)

Chacun des douze boucs ont été affectés au hasard à chacune des douze cages de digestibilité pendant 14 jours. Les 7 premiers jours étaient destinés à l'adaptation des boucs et les 7 derniers jours étaient destinés à la collecte des données

Les analyses chimiques de la farine de *Mucuna pruriens*, des feuilles d'*Andropogon gayanus* et des feuilles de *Ficus sycomorus* ont été réalisées au laboratoire de nutrition animale de la FASA à Dschang.

2.4.3 Données collectées et calculées

* Données collectées

- **Offre et refus alimentaire**

- **Production fécale**

Pendant 7 jours, les fécès journaliers de chaque bouc ont été collecté et pesé à l'aide d'une balance électronique de marque Sartorius de 1200 g de portée maximale et de 0,01 g de précision. Un échantillon de 50 g de fécès était prélevé et placé dans une étuve à 60^0C en vue de l'obtention du poids sec. Ensuite, ces échantillons ont été envoyé au Laboratoire National

Vétérinaire (LANAVET) en vue de déterminer leur teneur en matière organique et en azote et d'évaluer la digestibilité apparente de la ration de chaque animal (Gadoud et al., 1992). La digestibilité de chaque ration a été obtenue en faisant la moyenne de la digestibilité des 3 répétitions de chaque lot.

* Données calculées

- **Consommation alimentaire**

Elle a été évalué par la différence entre l'offre et le refus des différents ingrédients de la ration (*Andropogon gayanus, Ficus sycomorus et Mucuna pruriens*).

2.4.4 Paramètres étudiés

- **Digestibilité apparente de l'azote**

La digestibilité apparente (DA) de l'azote a été évalué par la formule suivante (Gadoud et al., 1992) :

$$DA = 100(I - F) / I \qquad I = \text{Ingéré}$$
$$F = \text{fécès}$$

- **Digestibilité apparente de la matière organique**

La digestibilité apparente (DA) de la matière organique a été évaluée par la formule suivante (Gadoud et al., 1992) :

$$DA = 100(I - F) / I \qquad I = \text{Ingéré}$$
$$F = \text{fécès}$$

- **Digestibilité apparente de la cellulose**

La digestibilité apparente (DA) de la cellulose a été évalué par la formule suivante (Gadoud et al., 1992) :

$$DA = 100(I - F) / I \qquad I = \text{Ingéré}$$
$$F = \text{fécès}$$

2.4.5 Plan expérimental et analyses statistiques

L'essai a été réalisé suivant un plan complètement randomisé. Les traitements ont été soumis à l'analyse de variance à une dimension et quand le facteur étudié (ration) était significatif, les différences entre les moyennes des traitements ont été séparées par le test de Duncan au seuil de 5% à l'aide du logiciel SPSS.

Le modèle statistique était le suivant :

$$Y_{ij} = \mu + \alpha_i + e_{ij}$$

Y_{ij} = Digestibilité apparente (azote, matière organique, cellulose brute)

M = Moyenne générale

α_i = Effet de la ration

e_{ij} = Erreur résiduelle sur l'animal j ayant reçu la ration i

Le logiciel SPSS a également été utilisé pour la recherche :

➢ D'une corrélation entre la quantité d'azote ingérée et la digestibilité de la matière organique.

➢ D'une régression entre la quantité d'azote ingérée et la digestibilité de la matière organique de chaque ration.

2.5 Effet de la supplémentation avec la farine des graines de *Mucuna pruriens* sur la dégradation in vitro d'*Andropogon gayanus* ou de *Ficus sycomorus*

2.5.1 Collecte des échantillons et site de l'étude

Les feuilles fraîches de *Ficus sycomorus* et la paille d'*Andropogon gayanus* ont été récoltées au mois de novembre 2004 dans les pâturages de l'IRAD de Garoua. Les échantillons récoltés ont été séchés à 50^0C jusqu'à poids constant dans une étuve ventilée de marque Gallenkamp puis broyés à l'aide d'un broyeur de marque pulverisette 14 de manière à traverser les mailles de 1 mm de diamètre. Les échantillons de chaque fourrage ont été conservés dans les sachets plastiques en vue des analyses chimiques et du test de digestibilité.

Les analyses chimiques de la farine de *Mucuna pruriens*, des feuilles d'*Andropogon gayanus* et des feuilles de *Ficus sycomorus* ont été réalisées. Les tests de digestibilité *in vitro* ont été effectués sur les feuilles d'*Andropogon gayanus*, les feuilles de *Ficus sycomorus* et sur le mélange des feuilles d'*Andropogon gayanus* (72,50 %) et la farine des graines de *Mucuna pruriens* (27,50 %) ainsi que sur le mélange des feuilles *Ficus sycomorus* (84,50 %) et la farine des graines de *Mucuna pruriens* (15,50 %). Les proportions des différents aliments de ces deux rations composées étaient identiques à celles observées lors des essais *in vivo*.

L'étude a été réalisée au Laboratoire de nutrition animale de La Faculté d'Agronomie et des Sciences Agricoles (FASA) de l'Université de Dschang.

2.5.2 Détermination de la composition bromatologique des aliments

2.5.2.1 Détermination de la matière sèche, des cendres et de la matière organique (A.O.A.C., 1990)

La matière sèche a été déterminée en séchant 0,5 g de l'échantillon dans un creuset en porcelaine préalablement pesé dans une étuve de marque Mermmet à 103^0C pendant une nuit (au moins 12 heures de temps). A la sortie, il a été refroidit dans un dessiccateur, puis pesé de nouveau et la matière sèche (MS) était obtenue par calcul à partir de la formule suivante :

$$MS (\%) = 100 \times (P_2 - P_1) / m$$

P_2 = Poids final après séchage

P_1 = Poids du creuset vide

m = Masse de l'échantillon

Les cendres (C) ont été obtenues par incinération du résidu de l'échantillon utilisé pour la détermination de la matière sèche dans un four à moufle de marque Heraeus à 500^0C pendant 6 heures de temps. A la sortie, le creuset a été refroidi dans un dessicateur et pesé. Les cendres ont été obtenues par calcul à partir de la formule suivante :

$$C (\%MS) = 100 \times (P_3 - P_1) / m$$

P_1 = Poids du creuset vide

P_3 = poids du creuset après incinération

m = Masse de l'échantillon

La matière organique (MO) a été déterminée par soustraction des cendres à la matière sèche (MS).

$$MO (\% MS) = 100 - C$$

C = Cendres

2.5.2.2 Dosage des protéines brutes par la méthode KJELDAHL (A.O.A.C, 1990)

La teneur en azote total a été déterminée par la méthode de Kjeldhal qui comprend trois étapes : la minéralisation, la distillation et la titration.

La teneur en protéine brute a été obtenu en multipliant la teneur en azote total par le coefficient 6,25 pour les fourrages et par 5,4 pour les graines.

Le principe de cette méthode est basé sur la transformation de l'azote organique en azote ammoniacal par minéralisation avec l'acide sulfurique concentré.

Dans un papier Whatman no 1, 0,5 g d'échantillon et 0,2 g de catalyseur (sélénium) ont été mélangé puis emballé. L'ensemble a été introduit dans un ballon de minéralisation avec 10 ml d'acide sulfurique concentré et porté à haute température sur une rampe de minéralisation placée sous une hotte ventilée. Après 3 heures de minéralisation, une solution vert clair traduisant la conversion de l'azote organique en sulfate d'ammonium a été obtenue.

Le ballon a été refroidi sous la hotte et son contenu transvasé dans une fiole jaugée de 100 ml et le volume a été ajusté au trait de jauge avec de l'eau distillée.

10 ml de la solution minéralisée a été prélevé et introduit dans un tube de distillation. L'ensemble a été placé dans le distillateur Kjeldahl, et 20 ml de NaOH (40 %) a été ajouté. L'extrémité du réfrigérant du distillateur a été immergée dans 20 ml d'un mélange d'acide borique (40 %) et d'indicateurs colorés (vert de bromocresol et rouge de méthyle) contenu dans un erlenmeyer de 250 ml. Pendant la distillation, l'hydroxyde de sodium s'est dissocié, s'est vaporisé et a ensuite été liquéfié dans le réfrigérant puis récupéré dans de l'acide borique qui a viré du rouge au vert. A la fin de la distillation, 150 ml de distillat a été titré à l'HCl 0,01N.

La teneur en azote (N) a été ensuite calculée suivant la formule suivante:

$$N\,(\%MS) = \frac{(V - V_0)\,x\,100\;x\,0{,}14\;x\,10^{-3}}{m\;x\;V_e}\,x100$$

Où   V =Volume de HCl utilisé pour la titration de l'échantillon,

   V_0=Volume de HCl utilisé pour la titration du blanc,

   V_e=Volume du minéralisât utilisé pour la distillation,

   m=poids de l'échantillon minéralisé.

2.5.2.3 Détermination de la cellulose brute (Van Soest et al., 1991)

La cellulose brute (CB) a été obtenue par la méthode de Scheerer. Après avoir préparé le réactif de Sheerer à partir de 14 g d'acide trichloracétique et dissout dans 350 ml d'acide acétique glacial dans lequel ont été ajoutés 150 ml d'eau distillée et 34 ml d'acide nitrique concentré, 1 g d'échantillon (P_0) a été pesé et introduit dans un erlen de 250 ml. Ensuite 50 ml de la solution de Sheerer a été ajouté et porté à ébullition pendant 30 minutes sous un réfrigérant à reflux placé dans le col de l'erlen pour éviter une trop grande évaporation de l'acide. La cellulose se présente sous forme de paillettes dans le liquide d'attaque. La filtration a été faite sous vide dans les creusets filtrants. La filtration terminée, la cellulose a été lavée avec de l'alcool et de l'éther de pétrole (quelques gouttes) pour éliminer les acides.

Après filtration, les creusets ont été portés à l'étuve pendant 24 heures à 100°C, refroidis et pesés, puis le poids des creusets et de l'échantillon (P_1) a été enregistré et ceux-ci ont ensuite été placés dans un four à moufle à 450°C pendant 3 heures pour incinération de la cellulose. A la sortie du four et après refroidissement dans un dessicateur, les creusets ont été pesés de nouveau (P_2) et les poids ont été enregistrés.

La teneur en cellulose brute a été calculée à partir de la formule suivante :

CB (% MS) = P_1 - P_2/ P_0

CB = Cellulose brute

MS = Matière sèche

P_1 = Poids du creuset + échantillon avant incinération

P_2 = Poids du creuset + échantillon après incinération

2.5.3 Dégradation in vitro (Makkar, 2002)

- **Préparation des échantillons et de la solution mère**

Cent pour cent (500 mg) de chaque échantillon de fourrage (*Andropogon gayanus* et *Ficus sycomorus*) ont été introduits dans une seringue de 100 ml. De même, chaque ration composée contenant 15,50 % (77,50 mg) de *Mucuna pruriens* + 84,50 % (422,50 mg) de *Ficus sycomorus* ou 27,50 % (137 mg) de *Mucuna pruriens* + 72,50 % (362,50 mg) d'*Andropogon gayanus* ont été introduits dans une seringue de 100 ml.

Les quatre échantillons ont été pesés en triple à l'aide d'une balance électrique de marque KERN 770, de 210 g de portée maximale et de 0,0001 g de sensibilité. Les échantillons ont ensuite été placés dans des seringues de 100 ml qui ont été fermés avec des pistons préalablement induits d'un lubrifiant (vaséline) pour faciliter leur mouvement

La solution mère a été préparée selon la méthode et la procédure décrite par Menke et al (1979). Les différents réactifs entrant dans cette solution et leur volume sont les suivants :

➢ Tampon phosphate (333 ml)

➢ Macro minéral (333 ml)

➢ Micro minéral   (0,333 ml)

➢ Rézasurine à 0,4% (0,417 ml)

➢ Eau distillée (732 ml)

- **Conditionnement et incubation des échantillons et de la solution mère**

A la veille de la réalisation de l'essai, les échantillons et la solution mère fraîchement préparés ont été placés dans un incubateur de marque Memmert réglé à 39°C pendant toute la nuit. De même, le bain marie a été mis en marche et la température a été contrôlée par deux thermostats de marque LAUDA E300 réglés à 39°C.

Le matin avant la collecte du liquide ruminal, la solution mère a été placée dans le bain marie à 39°C. A l'abattoir, le liquide ruminal a été mis dans un thermos préalablement maintenu à chaud avec de l'eau bouillante et transporté immédiatement au laboratoire. Ce liquide ruminal a été ensuite filtré sous flux de CO_2. Ensuite, 700ml de ce liquide a été prélevé et introduit dans la solution-mère maintenue sous le flux de CO_2 pour obtenir 2100 ml d'inoculum, celui-ci a été homogénéisé pendant 10 minutes sur un agitateur magnétique et 40 ml de cet inoculum a été prélevé et injecté dans chaque seringue à l'aide d'un distributeur de précision. Les seringues ont ensuite été placées dans le bain-marie pour incubation.

- **Collecte du liquide ruminal et incubation**

Le liquide ruminal était collecté juste après abattage des bovins adultes à l'abattoir municipal de la ville de Dschang avant 7 heures du matin et mis dans un thermos préalablement maintenu à chaud avec de l'eau bouillante et transporté immédiatement au laboratoire. Ce liquide a été immédiatement filtré à l'aide d'un tissu de mailles 1 mm sous flux de CO_2 qui arrivait continuellement d'une bouteille de gaz Ensuite, 700ml de ce liquide a été prélevé et introduit dans la solution-mère maintenue sous le flux de CO_2 pour obtenir 2100 ml d'inoculum, celui-ci a été homogénéisé pendant 10 minutes à l'aide d'une baguette magnétique et 40 ml de cet inoculum était prélevé et injecté dans chaque seringue à l'aide d'un distributeur de précision de marque Fortuna Optifix, puis l'ensemble a été placé dans le bain marie pour incubation.

- **Collecte des données**

L'incubation a duré 24 heures et les volumes de gaz produit ont été relevés après 3h, 6h, 9h, 12h, 18h, et 24h. La production de gaz était calculée et corrigée d'après la formule suivante (Menke et Steingass, 1988) :

$$GP \ (ml \, / \, 200mg \; MS) = \frac{(V_X - V_o - GP_o) \times 200mg \times GP_h}{m \times MS}$$

V_X = Volume des gaz lu à chaque période de lecture.

V_0 = Volume de l'inoculum dans la seringue au début de l'incubation.

GP_0 = Volume des gaz produits par le blanc à chaque période de lecture

GP_h = Volume des gaz produits par le standard à chaque période de lecture

- **Paramètres calculés**

Les volumes de gaz lus après 24h d'incubation ont permis de calculer :

> **La production de gaz**

> **La vraie digestibilité**

La détermination de la vraie digestibilité (VD) a été obtenue à partir de la formule suivante (Van Soest et Robertson, 1985) :

$$VD \ (\%) = \frac{P_e - R}{P_e} \, x \, 100$$

P = Poids de l'échantillon incubé

R = Poids de l'échantillon après incubation

> **La digestibilité de la matière organique**

Après 24h d'incubation, les gaz produits et corrigés par les gaz des tubes témoins ont été utilisés pour calculer la digestibilité de la matière organique (DMO) en utilisant l'équation de régression suivante (Menke et Steingass, 1988):

$$DMO (\%) = 14,88 + 0,889GP + 0,45PB + 0,0651C$$

GP = Gaz produit à 24 heures d'incubation

PB = Protéine brute.

C = Cendres

> **L'énergie métabolisable**

La teneur en énergie métabolisable a été calculée à partir de l'équation suivante (Makkar, 2002):

$$EM (MJ/kg.MS) = 2,20 + 0,136GP + 0,057PB$$

GP = Gaz produit à 24 heures d'incubation

PB = Protéine brute.

> **Le facteur de cloisement**

Le facteur de cloisement (FC) a été obtenu à partir de la formule suivante (Makkar, 2002) :

$$FC\ (mg\ /\ ml) = \frac{MOD}{GP}$$

MOD (mg) = Matière organique dégradée

GP (ml) = Gaz produit à 24 heures d'incubation

> **La masse microbienne**

La masse microbienne a été obtenue à partir de la formule suivante (Makkar, 2002) :

$$MM (mg) = MOD - (GP \times FS)$$

MOD (mg) = Matière organique dégradée

GP (ml) = Gaz produit à 24 heures d'incubation

FS = Facteur stœchiométrique (2,20 pour les fourrages)

> **Les acides gras volatils à chaînes courtes**

Les acides gras volatils à chaînes courtes ont été obtenus à partir de la formule suivante (Makkar, 2002) :

$$AGCC (mmol/ml) = 0,0239GP - 0,0601$$

GP (ml) = Gaz produit à 24 heures d'incubation.

A la fin de l'incubation, le contenu des seringues a été transvasé dans les béchers de 600ml et ces seringues ont été lavées deux fois avec deux portions de 15 ml de *Neutral detergent solution* (NDS) et vidées dans les mêmes béchers. Les échantillons ont été portés à ébullition à feu doux pendant une heure et filtrés dans des creusets filtrants pré-tarés. Ces creusets ont été séchés à 103°C pendant au moins 12h et ont ensuite été pesés. L'objectif de cette opération a été de soustraire les micro-organismes qui, lorsqu'ils sont morts, sont généralement utilisés dans le tractus digestif des ruminants comme substrat plus ou moins non dégradés.

2.5.4 Plan expérimental et analyses statistiques

L'essai a été réalisé suivant un plan complètement randomisé. Les traitements ont été soumis à l'analyse de variance à une dimension et quand le facteur étudié (ration) était significatif, les différences entre les moyennes des traitements ont été séparées par le test de Duncan au seuil de 5 % a l'aide du logiciel SPSS.

Le modèle statistique était le suivant :

$$Y_{ij} = \mu + \alpha_i + e_{ij}$$

Y_{ij} = La vraie digestibilité, la digestibilité de la matière organique, l'énergie métabolisable, le facteur de cloisement, la masse microbienne, les acides gras volatils.

M = Moyenne générale

α_i = Effet de la ration

e_{ij} = Erreur résiduelle sur les microorganismes j ayant reçu la ration i

Le logiciel SPSS a également été utilisé pour la recherche d'une régression entre la quantité d'azote ingérée et la digestibilité de la matière organique de chaque ration.

CHAPITRE III :

RESUTATS ET DISCUSSION

3.1 - RESULTATS

3.1.1 Effets de différents niveaux de supplémentation de la farine des graines de *Mucuna pruriens* sur les performances pondérales des boucs nains de Guinée

3.1.1.1) Composition chimique des aliments

La composition chimique des feuilles d'*Andropogon gayanus*, des feuilles de *Ficus sycomorus* et de la farine des graines de *Mucuna pruriens* est présentée au tableau 1

Tableau 1 : Composition chimique (% MS/kg) des aliments

Aliments	Humidité	Matière sèche	Azote total	Protéine brute	Cellulose brute	Matière organique	Matière minérale
Andropogon gayanus	8,60	91,40	0,27	1,66	31,20	80,20	19,80
Ficus sycomorus	16,00	84,00	1,33	8,31	13,63	72,80	27,20
Mucuna pruriens	16,20	83,80	2,69	16,80	2,07	80,40	3,4

Il ressort de ce tableau que la teneur en cellulose est plus élevée dans les fourrages. L'*Andropogon gayanus* a la teneur la plus élevée (31,20 %) et cette teneur est plus de deux fois supérieure à celle de *Ficus sycomorus* et environ 14 fois plus élevée que celle de *Mucuna pruriens*. La teneur en protéine brute (16,80 %) de *Mucuna pruriens* est environ deux et neuf fois plus élevée que celle de *Ficus sycomorus* et *Andropogon gayanus* respectivement. La teneur en matière sèche des aliments a varié de 83,80 % à 91,40 %. La teneur en matière organique des aliments quand à elle a varié de 72,80 % à 80,40 %.

La teneur en matière minérale des aliments est plus élevée dans les fourrages et est de 19,80 % et 27,20 % respectivement pour *Andropogon gayanus* et *Ficus sycomorus*. La teneur en matière minérale de *Ficus sycomorus* est 7 fois supérieure à celle de *Mucuna pruriens*.

3.1.1.2) Consommation alimentaire

L'ingestion des aliments par les boucs des différents lots est présentée au tableau 2

Tableau 2 : Ingestion des aliments par les boucs des différents lots

	Andropogon gayanus + Ficus sycomorus (Lot 1)	Andropogon gayanus + Ficus sycomorus + 100g de Mucuna puriens (Lot 2)	Andropogon gayanus + Ficus sycomorus + 150g de Mucuna pruriens (Lot 3)
Ingestion de l'*Andropogon gayanus*. (g/j)	$198,47 \pm 22,13$ [a]	$180,28 \pm 18,12$ [a]	$169,10 \pm 17,15$ [a]
Ingestion du *Ficus sycomorus*. (g/j)	$194,65 \pm 20,45$ [a]	$181,32 \pm 19,62$ [a]	$189,20 \pm 21,75$ [a]
Ingestion du *Mucuna pruriens*. (g/j)	/	$86,95 \pm 10,15$ [a]	$142,28 \pm 15,32$ [b]
Ingestion totale de la ration (g/j)	$393,12 \pm 34,25$ [a]	$448,55 \pm 39,13$ [b]	$500,58 \pm 43,13$ [b]
Ingestion de l'Andropogon *gayanus* (g/j/Kg $P^{0,75}$)	$32,07 \pm 05,13$ [a]	$29,19 \pm 04,79$ [a]	$27,38 \pm 05,18$ [a]
Ingestion du *Ficus sycomorus* (g/j/Kg $P^{0,75}$)	$31,46 \pm 08,55$ [a]	$29,36 \pm 07,49$ [a]	$30,64 \pm 08,30$ [a]
Ingestion du *Mucuna pruriens* (g/j/Kg $P^{0,75}$)	/	$14,08 \pm 02,56$ [a]	$23,04 \pm 03,48$ b
Ingestion totale de la ration (g/j/Kg $P^{0,75}$)	$63,53 \pm 09,54$ [a]	$72,63 \pm 08,97$ [b]	$81,06 \pm 07,96$ [c]

[a, b, c] : les moyennes portant la même lettre dans la même ligne ne sont pas significativement différentes (P > 0,05).

L'ingestion du *Ficus sycomorus* et de l'*Andropogon gayanus* n'a pas été significativement différente (P > 0,05) entre les boucs de tous les lots, mais par contre, l'ingestion du *Mucuna pruriens* par les boucs du lot supplémenté avec 150 g a été significativement plus élevée (P < 0,05) que celui des boucs du lot supplémenté avec 100 g. L'accroissement de l'ingestion du *Mucuna pruriens* a été de 63,6 % lorsque sa teneur dans la ration est passée de 100 à 150 g. L'ingestion totale de la ration par les boucs des lots supplémentés avec 100 et 150 g de *Mucuna pruriens* a été statistiquement supérieure (P < 0,05) à celle du lot témoin et l'accroissement était de 27,6 % et 14,3 % respectivement avec la supplémentation de 150 g et 100g de *Mucuna pruriens* à la ration de base.

3.1.1.3) Performances pondérales et note d'état corporel des boucs des différents lots

Les performances pondérales et la note d'état corporel des boucs des différents lots sont présentées au tableau 3

Tableau 3: Performances pondérales et note d'état corporel des boucs des différents lots

	Andropogon gayanus + Ficus sycomorus (Lot1)	*Andropogon gayanus + Ficus sycomorus +* 100g de *Mucuna puriens* (Lot 2)	*Andropogon gayanus + Ficus sycomorus +* 150g de *Mucuna pruriens* (Lot 3)
Poids vif initial (kg)	11,36 ± 0,73 [a]	11,33 ± 0,90 [a]	11,33 ± 0,60 [a]
Poids vif final (kg)	10,44 ± 0,62 [a]	12,16 ± 0,35 [b]	12,98 ± 0,74 [b]
Gain ou perte de poids vif (kg)	- 0,92 ± 0,03 [a]	0,83 ± 0,05 [a]	1,65 ± 0,03 [c]
Gain moyen quotidien (g)	-10,22 ± 0,87 [a]	9,22 ± 0,77 [b]	18,33 ± 0,63 [c]
Note d'état corporel initiale	2,37 ± 0,04 [a]	2,50 ± 0,07 [a]	2,68± 0,05 [a]
Note d'état corporel finale	1,87 ± 0,02 [a]	2,94 ± 0,04 [b]	3,56 ± 0,05 [c]
Gain ou perte de la note d'état corporel	-0,5 ± 0,02 [a]	0,44 ± 0,03 [b]	0,88 ± 0,05 c

[a, b, c] : les moyennes portant la même lettre dans la même ligne ne sont pas significativement différentes (P > 0,05).

L'analyse statistique des données pondérales a révélé au terme de l'étude une différence significative (P < 0,05) entre le gain moyen quotidien des boucs du lot témoin et celui des boucs des lots supplémentés avec 100 et 150 g de *Mucuna pruriens*. De même, une différence significative (P < 0,05) a été observée entre le gain moyen quotidien des boucs du lot supplémenté avec 100 g de *Mucuna pruriens* et celui des boucs du lot supplémenté avec 150 g de *Mucuna pruriens*. Des résultats similaires ont été obtenus avec la note d'état corporel et le gain de poids vif.

Le poids vif des boucs des lots supplémentés avec 100 et 150 g de *Mucuna pruriens* pendant 90 jours a augmenté de 7,3 % et de 14,6 % respectivement. Par contre le poids vif des boucs du lot non supplémenté a diminué de 8,1 % pendant la même période. Le gain moyen quotidien des boucs du lot non supplémenté au *Mucuna pruriens* était négatif (-10,22 g) alors que celui des boucs des lots supplémentés avec 100 et 150 g était respectivement de 9,22 et 18,33 g. De même, la note d'état corporel des boucs des lots supplémentés avec 100 et 150 g de *Mucuna pruriens* s'est amélioré respectivement de 17,6 % et 32,8 %. Par contre la note d'état corporel des boucs du lot non supplémenté a régressé de 21,1 %.

3.1.1.4) Poids carcasse et rendement carcasse des boucs des différents lots

Le poids carcasse et le rendement carcasse des boucs des différents lots sont présentés au tableau 4

Tableau 4: Poids carcasse et rendement carcasse des boucs des différents lots

	Andropogon gayanus. + *Ficus sycomorus* (Lot1)	*Andropogon gayanus* + *Ficus sycomorus* + 100g de *Mucuna puriens* (Lot 2)	*Andropogon gayanus* + *Ficus sycomorus* + 150g de *Mucuna pruriens* (Lot 3)
Poids avant abattage (kg)	9,10 ± 0,95 [a]	11,20 ± 0,76 [b]	12,45 ± 0,73 [c]
Poids du 5ème quartier (kg)	6,10 ± 0,54 [a]	6,85 ± 0,41 [b]	7,05 ± 0,34 [b]
Poids carcasse (kg)	3,00 ± 0,09 [a]	4,35 ± 0,25 [b]	5,40 ± 0,27 [c]
Rendement carcasse (%)	32,96 ± 0,84 [a]	38,84 ± 0,97 [b]	43,37 ± 0,73 [c]

[a, b, c] : Les moyennes portant la même lettre dans la même ligne ne sont pas significativement différentes (P > 0,05).

Le poids carcasse des boucs des lots supplémentés avec 100 et 150 g de *Mucuna pruriens* a été respectivement de 45 et 80 % supérieure à celui des boucs du lot non supplémenté. De même, les boucs du lot supplémenté avec 150 g de *Mucuna pruriens* ont eu un poids carcasse statistiquement plus élevé (p < 0,05) que celui des boucs du lot supplémenté avec 100 g.

Au total, le rendement carcasse des boucs des lots supplémentés avec 100 et 150 g de *Mucuna pruriens* a été respectivement de 17,8 et 31,6 % supérieure à celui des boucs du lot non supplémenté.

3.1.1.5) Corrélations entre les performances pondérales des boucs

Le tableau 5 présente les corrélations entre les performances pondérales des boucs, prises deux à deux

Tableau 5 : Corrélations entre les performances pondérales des boucs

	Poids vif	GMQ	NEC
Poids vif	/	0,986**	0,981**
GMQ	0,986**	/	0,961**

NEC	0,981**	0,961**	/

** la corrélation est hautement positive et significative au seuil de 1 %

La corrélation entre les performances pondérales des boucs est hautement positive ($0,8 \leq r < 1$). Cette forte corrélation traduit la relation fonctionnelle existant entre ces paramètres. Le gain moyen quotidien ou à la note d'état corporel est directement dépendant du poids vif.

3.1.2 Effet de différents niveaux de supplémentation de la farine des graines de *Mucuna pruriens* sur la digestibilité *in vivo* d'*Andropogon gayanus* et *Ficus sycomorus*

3.1.2.1) Consommation alimentaire

Le tableau 6 présente l'ingestion alimentaire moyenne des boucs dans les différents lots

__Tableau 6__ : Ingestion alimentaire en fonction des rations

	Andropogon gayanus + *Ficus sycomorus* (Lot1)	*Andropogon gayanus* + *Ficus sycomorus* + 100g de *Mucuna pruriens* (Lot 2)	*Andropogon gayanus* + *Ficus sycomorus* + 150g de *Mucuna pruriens* (Lot 3)
Ingestion de l'*Andropogon gayanus* (g/j)	202,33 ± 25,65 [a]	170,71 ± 14,53 [a]	160,04 ± 12,77 [a]

Ingestion du *Ficus Sycomorus* (g/j)	194,55 ± 21,66 [a]	178,83 ± 17,23 [a]	188,70 ± 20,43 [a]
Ingestion du *Mucuna Pruriens* (g/j)	/	88,62 ± 08,76 [a]	138,90 ± 12,56 [b]
Ingestion totale de la ration (g/j)	396,88 ± 31,66 [c]	438,16 ± 28,34 [b]	487,60 ± 39,71 [a]
Ingestion de l'*Andropogon gayanus* (g/j/Kg $P^{0,75}$)	34,30 ± 6,18 [a]	27,85 ± 7,45 [a]	25,16 ± 4,30 [a]
Ingestion du *Ficus* sp. (g/j/Kg $P^{0,75}$)	32,97 ± 5,46 [a]	29,17 ± 6,38 [a]	29,67 ± 4,24 [a]
Ingestion du *Mucuna pruriens* (g/j/Kg $P^{0,75}$)	/	14,46 ± 2,55 [a]	21,84 ± 3,97 [b]
Ingestion totale de la ration (g/j/Kg $P^{0,75}$)	67,27 ± 7,28 [a]	71,48 ± 5,32 [b]	76,67 ± 9,47 [c]

[a, b, c] : Les moyennes portant la même lettre dans la même ligne ne sont pas significativement différentes (P > 0,05).

Il ressort du tableau 6 que l'ingestion du *Ficus sycomorus* et de l'*Andropogon gayanus* n'a pas été significativement différente (P > 0,05) entre les boucs de tous les lots, mais par contre, l'ingestion du *Mucuna pruriens* a été significativement plus élevée (P < 0,05) chez les boucs du lot supplémenté avec 150 g comparée à celle des boucs du lot supplémenté avec 100 g de *Mucuna pruriens*.

L'ingestion totale de la ration s'est améliorée de 6,3 % et 14 % lorsque la ration était supplémentée respectivement avec 100 et 150 g de *Mucuna pruriens*. Les boucs du lot supplémenté avec 150 g de *Mucuna pruriens* avaient une ingestion significativement (P < 0,05) supérieure à celle des boucs des lots supplémentés avec 100 g de *Mucuna pruriens*.

3.1.2.2) Digestibilité apparente de la matière organique et de l'azote

Le tableau 7 présente la digestibilité apparente de la matière organique et de l'azote des boucs au cours de l'essai.

Tableau 7 : digestibilité apparente de la matière organique et de l'azote des boucs des différents lots

	Andropogon gayanus + *Ficus sycomorus*	*Andropogon gayanus* + *Ficus sycomorus* + 100g de *Mucuna pruriens*	*Andropogon gayanus* + *Ficus sycomorus* + 150g d *Mucuna pruriens*

	(Lot1)	(Lot 2)	(Lot 3)
Digestibilité de la matière organique (%)	45,25 ± 4,74 [c]	62,34 ± 6,14 [b]	70,97 ± 0,06 [a]
Digestibilité de l'azote (%)	38,46 ± 3,41 [c]	55,29 ± 5,20 [b]	60,95 ± 5,70 [a]

[a, b, c] : Les moyennes portant la même lettre dans la même ligne ne sont pas significativement différentes (P > 0,05).

La digestibilité apparente de la matière organique de la ration a été significativement plus élevée (P < 0,05) chez les boucs des lots supplémentés avec 100 et 150 g de *Mucuna pruriens* comparée à celle des boucs du lot non supplémenté. Il en a été de même entre celle des boucs du lot supplémenté avec 150 g de *Mucuna pruriens* comparée à celle des boucs du lot supplémenté avec 100 g. Cette digestibilité apparente de la matière organique de la ration des boucs des lots supplémentés avec 100 et 150 g de *Mucuna pruriens* s'est accru respectivement de 37,8 % et 56,9 % par rapport à celle de la ration des boucs du lot non supplémenté. De même, la digestibilité apparente de l'azote de la ration a été significativement plus élevée (P < 0,05) chez les boucs des lots supplémentés avec 100 et 150 g *Mucuna pruriens* comparée à celle des boucs du lot non supplémenté. Celle des boucs du lot supplémenté avec 150 g de *Mucuna pruriens* était également significativement (P < 0,05) supérieure à celle des boucs du lot supplémenté avec 100 g. En définitive, la digestibilité apparente de l'azote de la ration des boucs des lots supplémentés avec 100 et 150 g de *Mucuna pruriens* s'est accru de 43,8 % et 58,5 % respectivement par rapport à celle des boucs du lot non supplémenté.

3.1.3 Effet de la supplémentation avec la farine des graines de *Mucuna pruriens* sur la digestibilité *in vivo* d'*Andropogon gayanus* ou de *Ficus sycomorus*

3.1.3.1 Ingestion et digestibilité apparente de la matière sèche

Le tableau 8 présente l'ingestion et la digestibilité apparente de la matière sèche des boucs des différents lots

Tableau 8 : Ingestion et digestibilité apparente de la matière sèche en fonction des rations

	Andropogon gayanus	*Ficus sycomorus*	*Andropogon gayanus* + *Mucuna pruriens*	*Ficus sycomorus* + *Mucuna pruriens*
	(Lot 1)	(Lot 2)	(Lot 3)	(Lot 4)
Matière sèche ingérée (g/j)	253,32±2,19 [c]	541,52±3,7 [a]	272,36±2,73 [b]	526,16±6,22 [a]
Matière sèche fécale (g/j)	136,44±11,52 [a]	138,38±13,08 [a]	45,88±6,66 [c]	85,68±11,31 [b]

47

Matière sèche digérée (g/j)	116,88±13,52 [d]	403,14±15,57 [b]	226,48±9,39 [c]	440,48±17,35 [a]
Matière sèche ingérée (g/j/kgp^{0,75})	**41,05±0,35 [c]**	**87,76±0,6 [a]**	**44,06±0,44 [b]**	**84,86±1,00 [a]**
Matière sèche fécale (g/j/kgp^{0,75})	22,11±1,86 [a]	22,42±2,12 [a]	7,42±1,08 [c]	13,81±1,82 [b]
Matière sèche digérée (g/j/kgp^{0,75})	**18,94±2,18 [d]**	**65,33±2,52 [b]**	**36,64±1,52 [c]**	**71,04±2,79 [a]**
Digestibilité apparente de la matière sèche (%)	**46,13±4,98 [c]**	**74,45±2,53 [b]**	**83,16±2,62 [a]**	**83,73±2,10 [a]**

[a, b, c] : Les moyennes portant la même lettre dans la même ligne ne sont pas significativement différentes (P > 0,05).

Il ressort de ce tableau que l'ingestion de la matière sèche varie en fonction du type de ration. Elle est très élevée (87,76 g/j/kgp^{0,75}) chez les animaux recevant le *Ficus sycomorus*, mais baisse de 3,41 % chez les animaux recevant le *Ficus sycomorus* supplémentés au *Mucuna pruriens*. L'ingestion de la matière sèche est plus faible chez les animaux ayant pour aliment *Andropogon gayanus*. Elle est de 41,05 g/j/kgp^{0,75} chez les animaux du lot ne recevant pas de supplément et augmente significativement (p ≤ 0,05) pour atteindre 44,06 g/j/kgp^{0,75} chez les animaux supplémentés au *Mucuna pruriens*.

La matière sèche fécale est plus élevée chez les animaux recevant exclusivement *Andropogon gayanus* (22,11 g/j/kgp^{0,75}) ou *Ficus sycomorus* (22,42 g/j/kgp^{0,75}). Les animaux des lots supplémentés avaient des teneurs en matière sèche fécale faibles (7,42 g/j/kgp^{0,75} et 13,21 g/j/kgp^{0,75} pour *Andropogon gayanus* et *Ficus sycomorus* respectivement). Cependant, la diminution de la matière sèche fécale n'est pas la même chez les animaux ayant pour aliment de base *Andropogon gayanus* (62,34 %) ou *Ficus sycomorus* (56,29 %). Ce qui suggère une amélioration de la digestibilité de la ration *Andropogon gayanus* en présence du *Mucuna pruriens*.

La digestibilité apparente de la matière sèche d'*Andropogon gayanus* (46,13 %) est significativement (p ≤ 0,05) plus faible que celle de *Ficus sycomorus* (74,45 %) quand ils sont servis seuls aux animaux. Cependant *Andropogon gayanus* et *Ficus sycomorus* ont une digestibilité plus élevée et comparable (p ≥ 0,05) quand ils sont supplémentés au *Mucuna pruriens*. L'accroissement de la digestibilité d'*Andropogon gayanus* est de 80,27 % contre 12,46 % avec *Ficus sycomorus*.

3.1.3.2 Ingestion et digestibilité apparente de la matière organique

Le tableau 9 présente l'ingestion et la digestibilité apparente de la matière organique des boucs des différents lots.

Tableau 9 : Ingestion et digestibilité apparente de la matière organique en fonction des rations

	Andropogon gayanus	*Ficus sycomorus*	*Andropogon gayanus + Mucuna pruriens*	*Ficus sycomorus + Mucuna pruriens*
Matière organique ingérée (g/j)	222,27±3,24 [d]	469,31±4,76 [a]	245,13±3,57 [c]	451,45±5,5 [b]
Matière organique fécale (g/j)	125,37±2,81 [b]	191,68±7,66 [a]	80,62±2,31 [d]	112,92±4,06 [c]
Matière organique digérée (g/j)	96,9±0,51 [d]	277,62±3,46 [b]	164,5±5,87 [c]	338,53±7,09 [a]
Matière organique ingérée (g/j/kgp^{0,75})	**36,02±0,52** [b]	**76,06±0,77** [a]	**39,66±0,58** [b]	**72,81±0,88** [a]
Matière organique fécale (g/j/kgp^{0,75})	20,31±0,45 [b]	31,06±1,24 [a]	13,04±0,37 [c]	18,21±0,65 [b]
Matière organique digérée (g/j/kgp^{0,75})	**15,70±0,08** [d]	**44,99±0,56** [b]	**26,61±0,95** [c]	**54,64±1,14** [a]
Digestibilité apparente de la matière organique	**43,60±0,45** [d]	**54,16±5,28** c	**67,12±1,41** [b]	**75,61±0,98** [a]

a, b, c : Les moyennes portant la même lettre dans la même ligne ne sont pas significativement différentes (P > 0,05).

Il ressort du tableau 9 que l'ingestion de la matière organique est fortement influencée par le type de ration de base. Elle est en effet très élevée chez les animaux des lots alimentés au *Ficus sycomorus*. Elle est de 76,06 et 72,81 respectivement pour les animaux du lot témoin et celui des animaux recevant le *Mucuna pruriens* en supplémentation, les deux valeurs n'étant pas significativement différentes. Cette ingestion de la matière sèche est plutôt faible chez les animaux du lot alimenté à l'*Andropogon gayanus* (36,02 g/j/kgp^{0,75}) comparée aux animaux du lot alimenté à l'*Andropogon gayanus* et supplémenté au *Mucuna pruriens* (39,66 g/j/kgp^{0,75}). On a observé un accroissement de l'ingestion de la matière organique de 10,10 % et une diminution de 4,46 % respectivement quand *Andropogon gayanus* et *Ficus sycomorus* étaient supplémentés au *Mucuna pruriens*.

La matière organique fécale est plus élevée chez les animaux des lots ne recevant pas de supplément et ce par rapport aux animaux des lots supplémentés, ce qui suggère une plus grande rétention de la matière organique quand les rations sont supplémentées.

La digestibilité apparente de la matière organique est fortement améliorée quand les rations de base (*Andropogon gayanus* et *Ficus sycomorus*) sont supplémentées au *Mucuna pruriens*. Une augmentation de la digestibilité de l'ordre de 53,94 % a été observée avec *Andropogon gayanus* et 36,6 % avec *Ficus sycomorus*. Par ailleurs, les valeurs de la digestibilité obtenue chez les animaux des différents lots étaient significativement différentes les unes des autres.

3.1.3.3 Ingestion et digestibilité apparente de la cellulose brute
Le tableau 10 présente l'ingestion et la digestibilité apparente de la cellulose brute des caprins supplémentés au *Mucuna pruriens*

Tableau 10 : Ingestion et digestibilité apparente de la cellulose brute en fonction des rations

	Andropogon gayanus	*Ficus sycomorus*	*Andropogon gayanus +* *Mucuna pruriens*	*Ficus sycomorus +* *Mucuna pruriens*
Cellulose brute ingérée (g/j)	86,47±2,42 [a]	87,48±2,48 [a]	69,23±3,41 [b]	71,86±3,47 [b]
Cellulose brute fécale (g/j)	36,2±1,58 [a]	32,24±1,04 [b]	23,18±2,62 [c]	21,26±2,15 [c]
Cellulose brute digérée (g/j)	50,26±3,94 [b]	55,24±3,41 [a]	46,05±4,52 [c]	50,60±3,69 [b]
Cellulose brute				

ingérée (g/j/p^{0,75})	14,01±0,39 [a]	14,17±0,4 [a]	11,2±0,55 [b]	11,59±0,56 [b]
Cellulose brute fécale (g/j/p^{0,75})	5,86±0,25 [a]	5,22±0,17 [a]	3,75±0,42 [b]	3,42±0,34 [b]
Cellulose brute digérée (g/j/p^{0,75})	8,14±0,64 [a]	8,953±0,55 [a]	7,45±0,73 [a]	8,15±0,59 [a]
Digestibilité apparente de la Cellulose brute (%)	58,17±2,96 [a]	63,16±2,14 [ab]	66,50±4,21 [bc]	70,49±3,09 [c]

[a, b, c] : Les moyennes portant la même lettre dans la même ligne ne sont pas significativement différentes (P > 0,05).

Du tableau 10, il apparaît que l'ingestion de la cellulose brute est plus élevée chez les animaux des lots exclusivement alimentés à l'*Andropogon gayanus* et au *Ficus sycomorus*, soit respectivement 14,01 g/j/kgp^{0,75} et 14,47 g/j/kgp^{0,75}. Ces valeurs statistiquement comparables diminuent de manière significative (p ≥ 0,05) quand les rations sont supplémentées au *Mucuna pruriens* avec des taux de réduction de 24,9 % pour l'ingestion avec *Andropogon gayanus* et 21,79 % pour l'ingestion avec *Ficus sycomorus*.

La cellulose brute fécale est plus élevée chez les animaux des lots non supplémentés avec des valeurs de 5,89 g/j/kgp^{0,75} et 5,22 g/j/kgp^{0,75} respectivement pour les rations à base d'*Andropogon gayanus* et *Ficus sycomorus*. Ces valeurs bien que n'étant pas significativement différentes entre elles, diminuent de manière significative (p ≥ 0,05) quand les fourrages (*Andropogon gayanus* et *Ficus sycomorus*) sont supplémentés au *Mucuna pruriens* avec des taux de réduction de 56,17 % pour *Andropogon gayanus* et 51,64 % pour *Ficus sycomorus*. Le taux de diminution plus élevé chez *Andropogon gayanus* suggère une plus forte rétention de la cellulose brute par l'animal.

La digestibilité apparente de la cellulose brute est améliorée de manière significative (p ≥ 0,05) quand les fourrages (*Andropogon gayanus* et *Ficus sycomorus*) sont supplémentés au *Mucuna pruriens*. Cette amélioration est légèrement différente pour les rations à base d'*Andropogon gayanus* (14,32 %) et *Ficus sycomorus* (11,3 %).

3.1.3.4 Ingestion et digestibilité apparente de l'azote

Le tableau 11 présente l'ingestion et la digestibilité apparente de l'azote des boucs supplémentés au *Mucuna pruriens*

Tableau 11 : Ingestion et digestibilité apparente de l'azote en fonction des rations

	Andropogon gayanus	*Ficus sycomorus*	*Andropogon gayanus* + *Mucuna pruriens*	*Ficus sycomorus* + *Mucuna pruriens*
Azote ingéré (g/j)	0,74±0,14 [d]	8,57±0,56 [b]	2,97±0,57 [c]	12,02±0,70 [a]
Azote fécale (g/j)	0,44±0,07 [c]	3,82±0,66 [a]	0,92±6032 [c]	2,60±0,48 [b]
Azote digéré (g/j)	0,30±0,07 [d]	4,74±0,58 [b]	2,05±0,31 [c]	9,42±0,23 [a]
Azote ingéré (g/j/kgp^{0,75})	**0,12±0,02 [d]**	**1,38±0,07 [b]**	**0,48±0,09 [c]**	**1,94±0,11 [a]**
Azote fécale (g/j/kgp^{0,75})	0,07±0,01 [b]	0,62±0,10 [a]	0,15±0,04 [c]	0,42±0,07 [b]
Azote digéré (g/j/kgp^{0,75})	**0,05±0,01 [d]**	**0,77±0,08 [b]**	**0,33±0,05 [c]**	**1,52±0,036 [a]**
Digestibilité apparente de l'azote (%)	**41,66±2,07 [d]**	**55,07±1,78 [c]**	**68,75±2,96 [b]**	**78,35±2,82 [a]**

[a, b, c] : Les moyennes portant la même lettre dans la même ligne ne sont pas significativement différentes (P > 0,05).

Du tableau 11, il ressort que l'ingestion de l'azote est plus élevée avec les rations à base de *Ficus sycomorus* avec des valeurs de 1,38 g/j/kgp^{0,75} et de 1,94 g/j/kgp^{0,75} respectivement chez les animaux des lots non supplémentés et les animaux des lots supplémentés. L'ingestion de l'azote est beaucoup plus faible avec des rations à base d'*Andropogon gayanus* seul ou supplémenté avec des valeurs de 0,12 g/j/kgp^{0,75} et de 0,48 g/j/kgp^{0,75} respectivement. L'azote fécal est plus élevé chez les animaux nourris au *Ficus sycomorus*. On observe cependant une réduction quand les animaux sont supplémentés au *Mucuna pruriens*. Avec *Andropogon gayanus*, la diminution de la quantité d'azote fécal entre les lots supplémentés et non supplémentés est encore plus importante.

La digestibilité apparente de l'azote est significativement (p ≥ 0,05) plus élevée chez les animaux des lots supplémentés au *Mucuna pruriens* comparée aux animaux des lots recevant exclusivement l'*Andropogon gayanus* et *Ficus sycomorus*. Bien que la supplémentation au *Mucuna pruriens* améliore de manière significative (p ≤ 0,05) la digestibilité apparente globale de l'azote de chacun des deux fourrages de base, cette amélioration est beaucoup plus marquée avec *Andropogon gayanus* avec un pourcentage de 65,02.

3.1.3.5 Régression entre l'azote ingéré et la digestibilité apparente de la matière organique des rations *in vivo*.

Le tableau 12 présente la régression entre l'azote ingéré et la digestibilité apparente de la matière organique des rations *in vivo*.

Tableau 12: Régression entre l'azote ingéré et la digestibilité apparente de la matière organique des rations *in vivo*

Ration alimentaire	Equation de régression	Coefficient de détermination (R^2)
Andropogon gayanus	Y = -18,33X + 45,8	R^2 = 0,85
Ficus sycomorus	Y = -53,21X + 127,77	R^2 = 0,81
Andropogon gayanus + *Mucuna pruriens*	Y = 14,80X + 59,36	R^2 = 0,89
Ficus sycomorus + *Mucuna pruriens*	Y = 2,46X + 70,81	R^2 = 0,75

Y = Digestibilité apparente *in vivo* de la matière organique   X = Quantité d'azote ingéré

R^2 = Proportion d'individus respectant la loi de régression

Les équations de régression des différentes rations alimentaires ci-dessus peuvent permettent de prédire la digestibilité apparente de la matière organique de la ration *in vivo* lorsque la quantité de l'azote ingéré est connue.

Le coefficient de détermination donne la proportion de la viabilité d'une série de données, qu'une ou plusieurs autres variables parviennent à expliquer. Pour les prévisions, il est souhaitable que la valeur du coefficient de détermination soit élevée, car plus la valeur de R^2 est élevée, plus celle de la variation de la variable inexpliquée (digestibilité de la matière organique) est petite.

Il ressort du tableau 12 qu'au moins 75 % de la variabilité (ou variance) de la variable digestibilité de la matière organique des rations est expliquée par la liaison avec la variable azote ingérée. En effet, avec une teneur élevée du coefficient de détermination (≥ 75 %), la proportion de la variation de la variable inexpliquée (DMO) est faible.

.

3.1.4 Effet de la supplémentation avec la farine des graines de *Mucuna pruriens* sur la dégradation *in vitro* d'*Andropogon gayanus* ou de *Ficus sycomorus*

3.1.4.1 Production des gaz après 24 h d'incubation

La figure 5 présente la production de gaz après 3 h, 6 h, 9 h, 12 h, 18 h et 24 h d'incubation

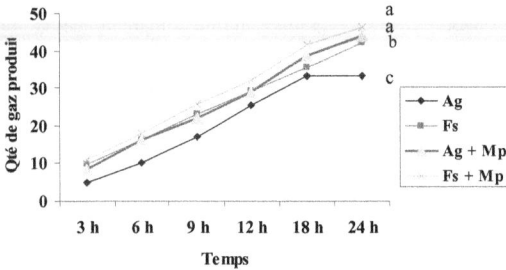

Ag = *Andropogon gayanus*   Fs = *Ficus sycomorus*
Ag + Mp = *Andropogon gayanus+ Mucuna pruriens*
Ag + Mp = *Ficus sycomorus+ Mucuna pruriens*

[a, b, c] : Les courbe suivis d'une même lettre ne sont pas significativement différentes (P > 0,05)

Figure 5: Cinétique de la production de gaz d'*Andropogon gayanus* et *Ficus sycomorus* seuls et supplémentés au *Mucuna pruriens*

De la figure 5, il apparaît que la production de gaz croît avec le temps et la supplémentation des rations de base au *Mucuna pruriens*. La production de gaz la plus faible est obtenue avec *Andropogon gayanus* quand il est incubé seul. Par contre, la production de gaz la plus élevée est obtenue avec *Ficus sycomorus* quand il est incubé en présence de *Mucuna pruriens*.

A 24 heures d'incubation, la production de gaz de *Ficus sycomorus* (42,31 ml/200 mg de MS) et d'*Andropogon gayanus* supplémenté au *Mucuna pruriens* (43,83 ml/200 mg MS) ne sont pas significativement (p > 0,05) différentes. Néanmoins, ces deux valeurs sont significativement (p ≤ 0,05) supérieures à celle d'*Andropogon gayanus* incubé seul (38,3 ml/200mg de MS) et significativement (p ≤ 0,05) inférieures à celle de *Ficus sycomorus* incubé en présence de *Mucuna pruriens* (46,17 ml/200mg de MS).

3.1.4.2 Paramètres dérivés de la dégradation *in vitro*

Les acides gras volatils (AGV), l'énergie métabolisable (EM), le facteur de cloisement (FC), la masse microbienne (MM), la vraie digestibilité (VD), la digestibilité de la matière organique (DMO) et l'azote résiduel (NDF-N) sont présentés dans le tableau 13

Tableau 13 : Acides volatils (AGV), énergie métabolisable (EM), facteur de cloisement (FC), masse microbienne (MM), Vraie digestibilité (VD), digestibilité de la matière organique (DMO) et azote résiduel (NDF-N) des fourrages supplémentés au *Mucuna pruriens*.

	Andropogon gayanus	*Ficus sycomorus*	*Andropogon gayanus* + *Mucuna pruriens*	*Ficus sycomorus.* +*Mucuna pruriens*
AGV (mmol/40ml)	0,86 ± 0,002 [d]	0,95 ± 0,005 [c]	0,99 ± 0,009 [b]	1,04 ± 0,008 [a]
EM (MJ/Kg.MS.)	7,50 ± 0,014 [c]	8,43 ± 0,029 [b]	8,48 ± 0,049 [b]	9,02 ± 0,047 [a]
FC (mg/ml)	1,07 ± 0,020 [b]	1,40 ± 0,150 [a]	1,17 ± 0,093 [b]	1,25 ± 0,090 [ab]
MM (mg)	121,06 ± 3,439 [c]	202,59 ± 31,325 [a]	159,57 ± 21,335 [bc]	186,08 ± 19,589 [ab]
VD (%)	40,95 ± 0,690 [b]	59,01 ± 6,210 [a]	51,03 ± 4,430 [a]	57,42 ± 3,890 [a]
DMO (%)	50,38 ± 0,090 [c]	56,96 ± 0,190 [b]	56,99 ± 0,320 [b]	60,87 ± 0,300 [a]
NDF-N (%)	0,86 ± 0,460 [b]	1,43 ± 0,440 [a]	1,03 ± 0,600 [b]	1,34 ± 0,070 [a]

[a, b, c] : les moyennes dans chaque ligne suivies d'une même lettre ne sont pas significativement différentes (P > 0,05).

Il ressort du tableau 13 que l'énergie métabolisable, la digestibilité de la matière organique et la production d'acides gras volatils augmentent lorsque l'*Andropogon gayanus* ou le *Ficus sycomorus* est associé au *Mucuna pruriens*.

La production d'acides gras volatils de *Ficus sycomorus* incubé en présence de *Mucuna pruriens* est de 9,5 % supérieure à celle de *Ficus sycomorus* incubé seul. De même, celle de l'*Andropogon gayanus* incubé en présence de *Mucuna pruriens* est de 15,1 % supérieure à celle de l'*Andropogon gayanus* incubé seul.

L'énergie métabolisable de *Ficus sycomorus* incubé en présence de *Mucuna pruriens* est de 7,0 % supérieure à celle de *Ficus sycomorus* incubé seul. De même, celle de l'*Andropogon gayanus* incubé en présence de *Mucuna pruriens* est de 13,1 % supérieure à celle de l'*Andropogon gayanus* incubé seul.

Le facteur de cloisement (FC) est la quantité de matière organique qui produit 1 ml de gaz. Le FC de *Ficus sycomorus* est significativement plus élevé ($p < 0,05$) que celui d'*Andropogon gayanus*. Le facteur de cloisement de *Mucuna pruriens* incubé en présence de *Ficus sycomorus* ou d'*Andropogon gayanus* n'a pas été significativement différent ($p > 0,05$) de celui de l'*Andropogon gayanus* ou de *Ficus sycomorus* incubé seul.

La masse microbienne produite est plus élevée lors de la digestion de *Ficus sycomorus* seul (202,9 mg). Cette valeur baisse de 9,05 % quand le *Ficus sycomorus* est associé au *Mucuna pruriens*. La masse microbienne produite lors de la digestion de *Ficus sycomorus* en présence de *Mucuna pruriens* est statistiquement comparable à celle d'*Andropogon gayanus* en présence de *Mucuna pruriens* (159,57 mg) mais significativement ($p \leq 0,05$) supérieure à celle d'*Andropogon gayanus* incubé seul (121,05 mg). Par ailleurs, les masses microbiennes produites lors de la digestion d'*Andropogon gayanus* seul et en présence de *Mucuna pruriens* ne sont pas significativement différentes ($p > 0,05$) bien qu'il y a une nette augmentation (31,81 %) en présence de *Mucuna pruriens*.

Le *Ficus sycomorus* incubé en présence de *Mucuna pruriens* a la digestibilité la plus élevée en matière organique (60,87 %). Cette digestibilité est significativement ($p < 0,05$) supérieure à celle de *Ficus sycomorus* incubé seul et *Andropogon gayanus* incubé en présence de *Mucuna pruriens* avec des valeurs respectives de 56,96 % et 56,99 %. Ces digestibilités sont comparables et significativement ($p \leq 0,05$) supérieures à celle d'*Andropogon gayanus* incubé seul. Une augmentation de l'ordre de 13 % a été notée quand *Andropogon gayanus* est incubé en présence de *Mucuna pruriens* contre 6, 86% quand c'est *Ficus sycomorus* qui est incubé en présence de *Mucuna pruriens*.

La vraie digestibilité de *Ficus sycomorus* est de 44,1 % supérieure à celle d'*Andropogon gayanus*. Celle d'*Andropogon gayanus* incubé en présence du *Mucuna pruriens* est de 24,6 % supérieure à celle d'*Andropogon gayanus* incubé seul.

La digestibilité de la matière organique de *Ficus sycomorus* incubé en présence du *Mucuna pruriens* est de 6,9 % supérieure à celle de *Ficus sycomorus* incubé seul. De même, celle de l'*Andropogon gayanus* incubé en présence de *Mucuna pruriens* est de 13,1 % supérieure à celle de l'*Andropogon gayanus* incubé seule.

La teneur en azote résiduel (NDF-N) est plus élevée avec *Ficus sycomorus* incubé seul ou en présence de *Mucuna pruriens,* mais ces teneurs ne sont pas significativement différentes ($p < 0,05$). Par ailleurs, la teneur en azote résiduel de l'*Andropogon gayanus* incubé en présence de *Mucuna pruriens* est statistiquement supérieure ($p < 0,05$) à celle d'*Andropogon gayanus incubé seul.*

3.1.4.3 Régression entre l'azote ingérée et la digestibilité apparente de la matière organique des rations *in vitro*

Le tableau 14 présente la régression entre l'azote ingérée et la digestibilité apparente de la matière organique des rations *in vitro*.

Tableau 14 : Régression entre l'azote ingéré et la digestibilité apparente de la matière organique des rations *in vitro*

Ration alimentaire	Equation de régression	Coefficient de détermination (R^2)
Andropogon gayanus	Y = -8465,6X + 38,94	$R^2 = 0,55$
Ficus sycomorus	Y = -8020,1X + 110,4	$R^2 = 0,90$
Andropogon gayanus + *Mucuna pruriens*	Y = -30228X + 198,17	$R^2 = 0,61$
Ficus sycomorus + *Mucuna pruriens*	Y = 9399,6X −11,98	$R^2 = 0,81$

Y = Digestibilité apparente *in vitro* de la matière organique   X = Quantité d'azote ingéré
R^2 = Proportion d'individus respectant la loi de régression

Les équations de régression des différentes rations ci-dessus peuvent permettent de prédire la digestibilité apparente de la matière organique de la ration *in vitro* lorsque la quantité de l'azote ingérée est connue.

Il ressort du tableau 14 qu'au moins 55 % de la variabilité (ou variance) de la variable digestibilité de la matière organique des rations est expliquée par la liaison avec la variable azote ingérée. En effet, avec une teneur élevée du coefficient de détermination (> 55 %), la proportion de la variation de la variable inexpliquée (DMO) est faible.

3.1.4.4 Régression entre la digestibilité *in vivo* et la dégradation *in vitro* de la matière organique des rations.

Le tableau 15 présente la régression entre la digestibilité *in vivo* et la dégradation *in vitro* de la matière organique des rations.

Tableau 15 : Régression entre la digestibilité *in vivo* et la dégradation *in vitro* de la matière organique des rations

Ration alimentaire	Equation de régression	Coefficient de détermination (R^2)
Andropogon gayanus	Y = -0,0442X + 52,292	$R^2 = 0,86$
Ficus sycomorus	Y = -0,0307X + 58,605	$R^2 = 0,25$
Andropogon gayanus + Mucuna pruriens	Y = 0,1404X + 47,517	$R^2 = 0,64$
Ficus sycomorus + Mucuna pruriens	Y = 0,0315X + 58,497	$R^2 = 0,40$

Y = Digestibilité apparente de la matière organique *in vitro*

X = Digestibilité apparente de la matière organique *in vivo*

R^2 = Proportion d'individus respectant la loi de régression

Les équations de régression des différentes rations alimentaires ci-dessus peuvent permettent de prédire *in vitro* la digestibilité apparente de la matière organique de la ration lorsque la digestibilité apparente *in vivo* de la matière organique de la ration est connue et vice versa.

Il ressort du tableau 15 qu'au moins 25 % de la variabilité (ou variance) de la variable digestibilité apparente de la matière organique des rations *in vitro* est expliquée par la liaison avec la variable digestibilité apparente de la matière organique des rations *in vivo*. En effet, avec une teneur élevée du coefficient de détermination (> 25 %), la proportion de la variation de la variable inexpliquée (DMO) est faible.

3.2 - DISCUSSION

L'analyse chimique de l'*Andropogon gayanus, de Ficus sycomorus* et de *Mucuna pruriens* révèle une teneur en cellulose brute plus élevée (31,20 %) chez l'*Andropogon gayanus*. Cette valeur est cependant nettement inférieure à celle obtenue par Boudet (1991) qui était de 41,2 %. La teneur en protéine dans la farine de *Mucuna pruriens* a été de 16,28 %. Cette valeur bien qu'intéressante pour une plante de cette zone en cette période est très inférieure à celle observée par Matenga et al.(2003) à Hararé au Zimbabwé qui était de 31 % ou par Sandoval (2003), 27 à 30 %. Cette différence serait due à l'influence de certains facteurs tels que le type de sol, la période de récolte ou le climat. Cette teneur en protéine brute plutôt intéressante semble tout de même normale, car il s'agit d'une graine de légumineuse. Le niveau de protéine de Ficus sycomorus (8,31%) est compris dans les marges enregistrées (7 à 13 %) par Onana. Par contre, la teneur en matière azotée totale (0,26 % MS) d'*Andropogon gayanus* est nettement inférieure à celle obtenue par Boudet (1991) qui était de 1,1 %.

L'ingestion de *Mucuna pruriens* et de la ration totale la plus élevée a été enregistré chez les animaux du lot supplémenté avec 150 g de *Mucuna pruriens*. Ce qui est en accord avec les observations de Leng (1997) et Bayer et Bayer selon lesquelles les quantités d'aliments ingérées augmentent lorsque la teneur en azote de la ration augmente (Leng, 1997; Bayer et Bayer, 1999). Des poids vifs de 12,16 et 12 98 kg ont été enregistrés respectivement chez les boucs des lots supplémentés avec 100 et 150 g de *Mucuna pruriens* contre 10,44 kg chez ceux du lot non supplémenté. Ces résultats sont proches de ceux rapportés par Pamo *et al.* (2004) qui étaient de 13,1 kg chez les chèvres supplémentées à 390 g de *Leucaena leucocephala* contre 11,2 kg chez celles non supplémentées. De même, des gains de poids moyens quotidiens de 9 et 18 g ont été enregistrés respectivement chez les boucs des lots recevant 100 et 150 g de *Mucuna pruriens* contre −10 g chez ceux du lot non supplémenté. Ces résultats se rapprochent de ceux obtenus par Mfewou (2001) qui étaient de 17 g chez les chèvres supplémentées au tourteau de coton contre -12 g chez celles du lot non supplémenté. Par contre les résultats enregistrés par nos animaux sont inférieurs à ceux de Cook et al. (2005) qui ont obtenu un gain de poids moyen quotidien de 60 g chez les ovins supplémentés aux graines de *Mucuna pruriens*. Les performances pondérales les moins élevées, observées chez les boucs non supplémentés au *Mucuna pruriens* pourraient être attribuées à la faible valeur nutritive de l'*Andropogon gayanus* récolté à l'état de paille. Dans les tropiques, les ruminants ont besoin d'une teneur en protéine brute de 7 % dans la ration pour satisfaire leurs besoins d'entretien et une teneur en protéine brute variant de 10 à 11 % leur permet d'accroître leurs performances pondérales (Mc Dowell, 1972). Les teneurs en protéine brute des rations utilisées dans cette étude étaient de 4,94; 7,27 et 8,47 %, respectivement pour les boucs des lots non supplémentés au *Mucuna pruriens*, supplémentés à 100 g et à 150 g. La ration non supplémentée au *Mucuna pruriens* avait une teneur en protéine brute inférieure aux 7 % requis pour un bon fonctionnement du tube digestif et de l'entretien des animaux. Cette faible teneur en protéine brute pourrait être à l'origine de la baisse des performances pondérales des animaux non supplémentés. Les teneurs en protéine brute des rations supplémentées au *Mucuna pruriens* (7,27 % et 8,47%) étaient légèrement supérieures à la norme (7 %) et a donc induit la légère augmentation des performances pondérales des boucs supplémentés.

Ces résultats semblent indiquer que la combinaison de l'azote du *Mucuna pruriens* à l'énergie en provenance des fourrages améliore les performances pondérales des caprins, probablement à la suite d'une libération concomitante des nutriments nécessaires en provenance de la source azotée et énergétique (Chesworth, 1996; Leng, 1997).

Les notes d'état corporel des animaux des lots supplémentés avec 100 et 150 g de *Mucuna pruriens* ont été respectivement de 2,94 et 3,56 contre 1,87 chez ceux du lot non supplémenté. Ces résultats se rapprochent de ceux obtenus par Mfewou (2001) qui étaient de 3,55 chez les caprins supplémentés au tourteau de coton contre 2,61 chez ceux du lot non supplémenté. La note d'état corporel augmente lorsque la ration est riche, notamment en azote, ceci entraîne la formation rapide des tissus et un dépôt de graisse. Par contre, lorsque la ration est pauvre, notamment en azote, l'animal ne survie qu'en mobilisant ses réserves corporelles et il s'en suit une diminution de son poids et de sa note d'état corporel (Fehr, 2002).

Les rendements carcasse de 38,8 % et 43,4 % ont été observés respectivement avec les animaux des lots supplémentés avec 100 et 150 g de *Mucuna pruriens* contre 32,96 % chez ceux du lot non supplémenté. Ces résultats présentent des similitudes avec ceux de Bouchel *et al.* (1992) qui ont obtenus des rendements carcasse de 44,5 % chez les ovins supplémentés à 400 g de tourteau de coton contre 34 % chez ceux du lot non supplémenté. La convergence est également observée entre ces résultats et ceux de Ngo Tama (1989) qui a enregistré un rendement carcasse de 42 % avec les ovins recevant une ration composée de coques et de tourteaux de coton. Par contre, les résultats de cette étude sont inférieurs à ceux de

Akinsoyinu *et al.* (1973) et de Ginistry (1978) qui ont respectivement obtenu des rendements carcasse de 50 % et de 49,6 % chez les petits ruminants recevant une complémentation protéique.

L'augmentation de la digestibilité est concomitante à l'accroissement du niveau protéique de la ration qui permet aux microorganismes d'augmenter la dégradation ruminale des aliments (Chesworth, 1996). Il s'en suit une augmentation du poids et du rendement carcasse des ruminants recevant une supplémentation protéique comparée à ceux des animaux non supplémentés.

Les digestibilités apparentes de la matière organique des rations contenant l'*Andropogon gayanus*, le *Ficus sycomorus*, l'*Andropogon gayanus* associé au *Mucuna pruriens*, le *Ficus sycomorus* associé au *Mucuna pruriens* ont des valeurs respectives de 43,6 %; 54,1 %; 67,1 %; 75,6 %. La digestibilité apparente de la matière organique des boucs alimentés au *Ficus sycomorus* associé au *Mucuna pruriens* a été 39,7 % supérieure à celle des boucs alimentés exclusivement au *Ficus sycomorus*. De même chez les boucs alimentés à l'*Andropogon gayanus* associé au *Mucuna pruriens*, la digestibilité apparente de la matière organique a été de 53,9 % supérieure à celle des boucs alimentés exclusivement à l'*Andropogon gayanus*.

Ces résultats sont supérieurs à celui de Mbuthia et Gatchuiri (2003) qui était de 67 % chez les ovins recevant 80 % de *Pennisetum purpureum* et 20 % de *Dolichos lablab*. Par contre, ce résultat est inférieur à celui de Njwe (1993) qui était de 81,21 % lorsqu'il alimentait les moutons avec une ration de *Cynodon nlemfuensis* supplémentée avec 20 % de tourteau de coton.

Cette différence entre les résultats serait due la teneur des aliments en parois. L'augmentation de la teneur en parois des aliments entraîne une diminution de la digestibilité des rations (Gadoud et al.,1992; Jarrige et al., 1995). Avec une teneur en parois moins importante que les fourrages (*Andropogon gayanus, Ficus sycomorus*), les aliments concentrés comme le *Mucuna pruriens* améliorent la digestibilité de la ration.

La forte ingestion de la matière organique chez les lots de boucs alimentés au *Ficus sycomorus* (76,06 g/j/Kg $P^{0,75}$) comparée à celle de ceux alimentés à l'*Andropogon gayanus* (36,02 g/j/kg $P^{0,75}$) pourrait s'expliquer par le niveau de consommation du *Ficus sycomorus* (541 g de MS) qui est supérieur à celui de l'*Andropogon gayanus* (197,46 g de MS). Ce résultat concorde bien avec les observations de Guérin *et al.*(2002) qui remarquent que pendant la saison sèche, la consommation des ligneux pouvait être très importante et pouvait représenter 80 % de la ration des caprins. La plus grande ingestion de la matière organique observée chez les boucs du lot alimenté exclusivement au *Ficus sycomorus* témoigne la bonne appétibilité de ce fourrage (Onana, 1992).

La meilleure digestion de la matière organique enregistrée chez les boucs du lot alimenté au *Ficus sycomorus* et supplémentés au *Mucuna pruriens* (54,60 g/j/kg $P^{0,75}$) est probablement due à la teneur en azote de cette ration (1,3 % chez le *Ficus sycomorus* et 2,7 % chez le *Mucuna pruriens*) qui est plus élevée que celle des autres car, pour assurer une digestion normale dans le rumen, une teneur en azote de 1% est suffisante pour les fourrages (Jarrige *et al.*, 1995). En effet, avec une teneur en azote inférieure à 1 % chez l'*Andropogon gayanus* (0,3 %), la plus faible digestion de la matière organique (15,7 %) était obtenue chez les boucs du lot exclusivement alimenté à l'*Andropogon gayanus*.

Avec des teneurs en cellulose brute de 31,2 %, 13,6 % et 2,1 % respectivement pour l'*Andropogon gayanus*, le *Ficus sycomorus* et le *Mucuna pruriens,* la meilleure digestibilité apparente de la matière organique obtenue chez les d'animaux du lot alimenté au *Ficus sycomorus* s'explique par la faible teneur de cette ration en parois et un accroissement du disponible protéique. Gadoud et al. (1992) et Jarrige et al. (1995) ont en effet remarqué que la supplémentation des rations en protéine améliore la digestibilité apparente de la matière organique à cause de la diminution de la teneur en parois. La digestibilité apparente de la matière organique de l'*Andropogon gayanus* de cet essai (43,6 %) est inférieure à celle (55 %) trouvée par (Quick et Dehority, 1986) lorsque les caprins étaient alimentés au foin de graminées. De même, Doyle et al. (1984) ont enregistré une digestibilité de la matière organique de la luzerne (54,5 %) inférieure à celle du *Ficus sycomorus* (59,2 %). Avec le foin de graminées en présence de 30 % de concentré, une digestibilité de 73,9 % a été observé (Jarrige et al., 1995); ce qui est inférieure à celle de notre étude (75,6 %). La variation dans ces résultats s'explique probablement par la composition chimique et l'âge des fourrages utilisés (Antoniou et Hadjipanayioyou, 1985).

L'azote ingéré et digéré a été plus élevé chez les boucs des lots alimentés au *Ficus sycomorus* comparé à celui des boucs alimentés à l'*Andropogon gayanus*. Cette plus forte ingestion de l'azote est probablement due à la faible teneur en parois et à la plus grande consommation en matière sèche (480,34 g). Ce résultat présente la même allure que ceux de Leng (1997) et Guérin et al. (2002) qui ont observé un accroissement de la consommation des ligneux fourragers par rapport à celle des graminées pendant la saison sèche. La meilleure digestion de l'azote (1,52 g/j/Kg $P^{0,75}$) et la plus grande digestibilité apparente de l'azote (78,3

%) ont été observé chez les boucs supplémentés au *Mucuna pruriens* et recevant du *Ficus sycomorus* (1,52 g/j/Kg $P^{0,75}$). Ces résultats s'expliquent par la dépendance de la digestibilité de l'azote de la teneur en matière azotée totale (MAT), qui augmente lorsque la MAT s'élève (Gadoud et al., 1992; Jarrige *et al.*, 1995). La faible digestibilité apparente de l'azote enregistrée dans le lot de boucs alimentés uniquement à l'*Andropogon gayanus* serait dû au faible niveau d'azote de la ration qui entraîne une réduction de la digestibilité (Close et Menke, 1986).

In vitro, la digestibilité de la matière organique, la production de gaz, d'acides gras volatils (AGV) et de l'énergie métabolisable ont été plus élevées ($p < 0,05$) avec les rations de base (*Andropogon gayanus et Ficus sycomorus)* incubées en présence du *Mucuna pruriens*. Le *Ficus sycomorus* incubé en présence du *Mucuna pruriens* a présenté la meilleure performance pour les quatre paramètres ci-dessus

La production de gaz et d'AGV est nettement améliorée avec le *Mucuna pruriens* incubé en présence de l'*Andropogon gayanus* et du *Ficus sycomorus*. Cette amélioration substantielle de la production de gaz et d'AGV avec les fourrages riches en cellulose incubés en présence du *Mucuna pruriens* suggère une croissance de la masse microbienne et une intensification de l'activité fermentaire des microorganismes quand un aliment riche en énergie et un aliment riche en protéines sont incubés ensemble (Pamo et pieper; 1995; Chesworth, 1996; Gatachew *et al.,* 2000). Les proportions molaires des AGV produites par *Andropogon gayanus* (0,99 mmol/40 ml) et *Ficus sycomorus* (1,04 mmol/40 ml) incubés en présence de *Mucuna pruriens* sont proches de celles de Boukila *et al.* (2005) qui étaient de 1,04 mmol/40 ml avec le *Leucaena leucocephala* incubé en présence des chaumes de maïs contre 0,98 mmol/40 ml avec les chaumes de maïs incubées seules. Ces résultats sont inférieurs à celui de Pamo *et al.* (2005) qui était de 1,15 mmol/40 ml avec le *Leucaena leucocephala* associé au *Brachiaria ruziziensis*. La production d'AGV augmente lorsque la digestibilité de la matière organique et l'énergie métabolisable augmentent. Il existe une forte corrélation ($r = 0,99$) entre DMO et AGV d'une part et entre EM et AGV d'autre part ($r = 0,98$)

L'énergie métabolisable produite est plus élevée avec l'*Andropogon gayanus* (8,48 MJ/kg.MS) ou le *Ficus sycomorus* (9,02 MJ/kg.MS) incubé en présence du *Mucuna pruriens* que celle obtenue lorsque ces aliments de base sont incubés seuls avec des valeurs respectives de 7,50 et 8,43 MJ/kg.MS. Avec des fourrages pauvres en protéines, les améliorations des performances animales sont minimes car même si les microbes du rumen reçoivent de l'énergie, ils sont incapables de l'exploiter pleinement, car ils manquent de matières premières pour la synthèse protéique (Chesworth, 1996). En effet, la valeur énergétique des fourrages est liée à la digestibilité de leurs matières organiques, les concentrés énergétiques sont facilement dégradables dans le rumen et concentrent les nutriments dont ont besoin les animaux, les plus connus d'entre eux sont les grains (Chesworth, 1996). La plus grande production d'énergie métabolisable de cet essai (9,02 MJ/kg.MS) est inférieure à celle obtenue par Moussounda (2005), qui a enregistré une production d'énergie métabolisable de 9,59 MJ/kg.MS avec le *Panicum maximum* incubé en présence du *Leucaena leucocephala* contre 9,52 MJ/kg.MS avec le *Panicum maximum* incubé seul. De même, la plus haute énergie métabolisable de cet essai est inférieure à celle de plusieurs auteurs (Boukila *et al.*, 2005; Boukila *et al.*, 2006).

La masse microbienne des rations contenant du *Ficus sycomorus* est plus élevée que celle des rations contenant de l'*Andropogon gayanus*. Mais cette masse microbienne est inférieure à celle obtenue par Boukila et al. (2005) qui était de 212; 227 et 256 g respectivement avec les ligneux fourragers tels que le *Gliricidia sepium*, le *Calliandra calothyrsus* et le *Leucaena leucocephala*. Ce résultat s'expliquerait par la richesse du *Ficus sycomorus* en divers éléments nutritifs. En effet, comme l'ont souligné Daget et Godron (1995), les arbres et les arbustes fourragers fournissent des protéines, des vitamines et des minéraux avec une teneur souvent plus élevée que celle des graminées pendant la saison sèche. Par ailleurs, en se référant au tableau 1, le *Ficus sycomorus* présente non seulement une teneur en protéines brutes acceptable, mais aussi une teneur en matières minérales élevée. Ce qui aura alors permis aux microorganismes de proliférer abondamment.

La digestibilité de la matière organique s'accroît avec la supplémentation du *Mucuna pruriens* à la ration de base. La digestibilité de la matière organique a été de 50,4 % et 57 % respectivement avec l'*Andropogon gayanus* et le *Ficus sycomorus*. Par ailleurs cette digestibilité de la matière organique a été de 56,99 % et 60,87 % respectivement avec le *Mucuna pruriens* associé à l'*Andropogon gayanus* et au *Ficus sycomorus*.

La DMO la plus élevée, obtenue avec *Ficus sycomorus* associé au *Mucuna pruriens* (60,87 %) est probablement due à la plus faible teneur en cellulose de cette ration. La digestibilité de la matière organique des aliments augmente quand la teneur en parois diminue (Gadoud *et al.*, 1992; Jarrige *et al.*, 1995) et la teneur en parois est plus élevée dans les fourrages que dans les aliments concentrés (Gadoud *et al.*, 1992). Ces résultats de la DMO des fourrages de base associés au *Mucuna pruriens* se rapprochent de ceux de Boukila *et al.*

(2006) qui étaient de 60,3 %, 60 % et 60,3 % respectivement avec le *Leucaena leucocephala* associé au *Brachiaria ruziziensis*, le *Calliandra calothyrsus* associé au *Brachiaria ruziziensis* et avec le *Calliandra calothyrsus* associé au *Trypsacum laxum*. Par ailleurs, ces résultats sont inférieurs à ceux de Pamo *et al.* (2005) qui étaient de 69,4 % et 61,5 % respectivement avec le *Leucaena leucocephala* associé au *Brachiaria ruziziensis* et avec le *Leucaena leucocephala* associé au *Pennisetum purpureum*.

CONCLUSION

En définitive, cette étude a montré qu'en station, l'incorporation du *Mucuna pruriens* dans la ration améliore les performances pondérales des boucs et la digestibilité *in vivo* et *in vitro* des rations.

L'augmentation du niveau de farine des graines de *Mucuna pruriens* dans la ration influence positivement les performances pondérales des boucs nains de Guinée alimentés à base d'*Andropogon gayanus* associé au *Ficus sycomorus*. En effet, avec 3 niveaux (0,100 et 150 g) de supplémentation de *Mucuna pruriens*, le niveau contenant 150 g a donné les meilleures performances pondérales : un accroissement du poids vif de 14,6%, un gain moyen quotidien de 18,33 g, une amélioration de la note d'état corporel de 33 %, un poids carcasse de 5,4 kg et un rendement carcasse de 43,37 %.

In vivo, la digestibilité des rations contenant du *Ficus sycomorus* ou de l'*Andropogon gayanus* augmente significativement lorsqu'elles sont supplémentées au *Mucuna pruriens*. La ration contenant le *Ficus sycomorus* associé au *Mucuna pruriens* est la meilleure avec des valeurs de 83,73%, 75,61%, 70,49% et 78,35% respectivement pour les digestibilités de la matière sèche, de la matière organique, de la cellulose brute et de l'azote.

In vitro, la production de gaz et les paramètres de la dégradation des rations à base de *Ficus sycomorus* ou d'*Andropogon gayanus* augmentent lorsqu'elles sont supplémentées au *Mucuna pruriens*. La ration contenant le *Ficus sycomorus* associé au *Mucuna pruriens* est la meilleure avec une masse microbienne de 186 mg, une vraie digestibilité de 57,42% et une digestibilité de la matière organique de 60,87%.

Il serait souhaitable de transférer la technologie de valorisation du *Mucuna pruriens* en milieu paysan, ainsi que de faire une étude *in vitro* sur l'incorporation du *Mucuna pruriens* à d'autres aliments utilisés en élevage au nord Cameroun tels que les chaumes de céréales (maïs, riz et sorgho).

BIBLIOGRAPHIE

BIBLIOGRAPHIE

Ademosum, A.A., Bosman, H.G and Roecsen P.L., 1985. Nutritional studies with West African Dwarf goats in the humid zone of Nigeria. **In** : Wilson, R.T and Bourzat, D .(eds). Small ruminants in African agriculture. ILCA Addis Ababa, Ethiopia. Pp 32-89.

Akinsoyinu, A.O., Mbah, A.U and Olubajo, F.O., 1975. Studies on comparative utilization of urea and groundnut cake rations by young growing West African Dwarf Goats. Effect on carcass quality and chemical composition of the organs and muscles. *Nigerian Journal Animal Production* 2 (1) : 81- 88.

Antoniou, T. Hadjipanayiotou, M. 1985. The digestibility by sheep and goats of five roughages offered alone or with concentrates. *J. Agric. Sci. Camb.,* 105, 663-671.

A.O.A.C. (Association of Official Method of Analysis). 1990.15[th] edition. AOAC Washington D.C.

Awa, D.N., Njoya, A., Mopaté, Y.L., Ndomadji, J.A., Onana, J., Awa, A.A., Ngo Tama, A.C., Djoumessi, M., Loko, B., Bechir, A.B., Delafosse, A., Maho, A., 2004. Contraintes, opportunités et évolution des systèmes d'élevage en zone semi-aride des savanes d'Afrique centrale. *Cahiers Agricultures.* 13, 331-340.

Bayer, W et Bayer, A., 1999. La gestion des fourrages. (GTZ)Gmbh. 246p.

Bouchel, D., Bodji, N.C., Kouao, B.J., 1992. Effet de la complémentation d'une ration de base de qualité médiocre par *Albizia zygia* sur le comportement alimentaire et la croissance d'ovins Djallonké. **In** : the Complementary of Feed Ressources for Animal Production in Africa. Proceedings of the Joint Feed Ressouces Networks Workshop held in Gaborone, Bostwana 4-8 march 1991. African Feed Research Network. Pp 112-126.

Boudet, G., 1991. Manuel sur les pâturages tropicaux et les cultures fourragères. Manuel et précis d'élevage. IEMVT / Ministère de la Coopération, Paris, 266 p.

Boukila, B., Pamo, T.E., Fonteh, A.F., Kana, J.R., Tendonkeng, F., Betfiang, M.E., 2005. Effet de la supplémentation de quelques légumineuses tropicales sur la valeur alimentaire et la digestibilité *in vitro* des chaumes de maïs. *Livestock Research for Rural Development* 17 (12) 2005. Pp 1-10. www.cipav.org.co/irrd/irrd17/12/bouk17146.htm

Boukila, B., Pamo, T.E., Fonteh, A.F., Kana, J.R., Tendonkeng, F., et Betfiang, M..E., 2006. Dégradation *in vitro* de *Leucaena leucocephala* ou *Calliandra calothyrsus* associé au *Brachiaria ruziziensis*, *Trypsacum laxum* et au *Pennisetum purpureum* comme sources d'énergie. *Cameroon Journal of Experimental Biology*. Vol. 02, N° 01.

Castillo Caanal, J.B., Jimenoz., Osornio, J.J., Lopez Perez A., Aguilar-Corderow., 2003. Feeding *mucuna* beans to small ruminants of mayan farmers in the yucatan Peninsula; Mexico. *Tropical and Subtropical Agroecosystem*. 3 : 110-118.

Chenost, M., 1995. Observations préliminaires sur la comparaison du potentiel digestif et de l'appétit des caprins et des ovins en zone tropicale et en zone tempérée. *Annale de Zootechnie*; 21, 107-111.

Chesworth, J., 1996. L'alimentation des ruminants. Editions Maison Neuve et Larose. 203 p.

Close, W., Menke, K. H., 1986. Selected topics in animal nutrition . DSE. Pp 32-38.

Cook, B.G., Pengelly, B.C., Brown, S.D., Donnelly, J.L., Eagles, D.A., Franco, M.A., Hanson, J., Mullen, B.F., Partridge, I.J., Peters, M. and Schultze-Kraft, R., 2005. Tropical Forages : an interactive selection tool., [CD-ROM], CSIRO, DPI&F(Qld), CIAT and ILRI, Brisbane, Autralia.

Corcy, J.C., 1991. La chèvre. La maison rustique. Paris. 273 p.

Daget, P., Godron., 1995. Pastoralismes, troupeaux, espaces et société.

Delgadillo, J.A., Malpaux, B., et Chemineau, P., 1997. La reproduction des caprins dans les zones tropicales et subtropicales. *INRA Productions Animales*. 10 (1), 33-41.

Donfack, P., Seiny, B., M'biandoum, M., 1996. Les grandes caractéristiques des milieux physiques. **In** : Agriculture des savanes du Nord Cameroun vers un développement durable. IRAD. 282p.

Doyle, P.T., Egan, J.K., Thalen, A. J. 1984. Intake, digestion and nitrogen and sulfur retention in Angora goats and Merino sheep fed herbage diets. *Aust. J. Exp. Agric. Anim. Husb*. 24, 165-169.

Dulphy, J.P., Carl, B., Demarquilly, C., 1990., Quantité ingérée et activité alimentaire comparées des ovins, Bovins et Caprins recevant des fourrages conservés avec ou sans aliment concentré : étude descriptive. *Annale de Zootechnie*; 39, 95 - 111.

ESA. Projet Eau, Sol et Arbre. Rapport annuel 2004. Irad de Garoua.

FAO. Appui à la réhabilitation et au développement du système de statistiques agricoles et de l'information agricole. www.fao.org/world/rwanda/downloads/bilan/Doc 7_ LivestockStatistics.doc

Fehr, M.P., 1992. Intérêt d'évaluer l'état corporel des chèvres dans les milieux peu maîtrisés. *Capricorne*. vol.5 n°2. Pp 9-14.

Fomunyam, R.T., and Meffeja, F., 1986. Maize stover in maintenance diets for sheep and goats in Cameroon. In : T.R. Preston and M.Y. Nuwanyakpa (eds), Towards optimal feeding of agricultural by-products to livestock in Africa. Proceedings of a workshop held at the University of Alexandria, Egypt, October 1985. ILCA, Addis Ababa, Ethiopia. Pp. 135-139.

Fonty, G., Jouany, J. P., Foran, E., Gouet, Ph., 1995. Ecosystème microbien du réticulo-rumen. **In** : Jarrige, R., Buckebush, Y., Demarquilly, C., Farce, M.H., Journet, M. (eds). Nutrition des ruminants domestiques. *INRA*. Pp 300-337.

Gadoud, R., Joseph, M. M., Jussian, R, Lisberne, M. J., Manjpeol, B., Montneas, L., Tarrit, A., 1992. Nutrition et alimentation des animaux d'élevage. Les éditions Fourcher. 286p.

Gatenby, R.1991. Le mouton. Macmillan Press Ldt. 123 p.

Getachew, G., Makkar, H. P. S., and Becker, K., 2000. Effect of polyethylene glycol on *in vitro* degradation of nitrogen and microbial protein synthesis from tannin-rich browse and herbaceous legumes. British Journal of Nutrition, 84: 73-84.

Ginistry, L. 1978. Faits saillants de l'opération 05-01 : Amélioration de la productivité des petits ruminants. 8p.

Guérin, H., Lecompte, P., Lhoste, P., Meyer, C. 2002. Généralités sur les ruminants. **In** : Mémento de l'Agronome. CIRAD-GRET-MAE. Pp 1395-1425.

Humbel, F.X., Barbery J. 1973. Carte pédologique du Cameroun : feuille de Garoua (échelle 1/200 000). Bondy. France, ORSTOM.

Ifut, O.J., 1992. Body weight response of west african dwarf goats fed *Gliricidia sepium*, *Panicum maximum* and cassava (Manihot) peels. **In** : the complementary of feed ressources for animal production in Africa. Proceedings of the joint feed ressouces networks workshop held in Gaborone, Bostwana 4-8 march 1991. African Feed Research Network.. Pp 181-188.

Jarrige, R., Buckebush, Y., Demarquilly, C., Farce, M.H., Journet, M. (eds). 1995. Nutrition des ruminants domestiques. *INRA*. 348 p.

Jones, R.J. 1978. Toxicity of *Leucaena leucocephala* : the effect of iodine and mineral supplement on penned steers fed sole diet of *Leucaena leucocephala. Australian. Veterinary. Journal.* 54 : 387-392.

Leng, R.A., 1997. Tree foliage in ruminant nutrition. FAO no 139. Pp 1-40.

Lhoste, P., Dolle, V., Rousseau, J., Soltner, D., 1993. Manuel de zootechnie des régions chaudes: Les systèmes d'élevage. IEMVT, Ministère de coopération et de développement. *Collection Manuel et Précis d'Elevage.* 288p.

Makkar, H.P.S., 2002. Application of the *in vitro* method in the evaluation of feed resources and enhancement of nutritional value of tannin-rich tree/browse leaves and agro-industrial by-product. **In** : Development and field evaluation of animal feed package. Proceeding of the final review meeting of an IAEA technical cooperation regional AFRA project organised by the joint FAO/IAEA division of nuclear techniques in food and agriculture held in Cairo, Egypt, 25-29 november 2000. Pp 23-40.

Matenga, V.R., Ngongoni, A., Titterton, M., and Maasdorp, B.V., 2003. *Mucuna* seed as feed ingredient for small ruminants and effect of ensiling on its nutritive value. *Tropical and Subtropical Agroecosystems,* 1 : 97-105.

Mbuthia, A.W., Gachuiri, C.K., 2003. Effect of inclusion of *Mucuna pruriens* and *Dolichos lablab* forage in Napier grass silage on silage quality and on voluntary intake and digestibility in sheep.*Tropical and Subtropical Agroecosystem*, 1 : 123-128

Mc Dowell, R.E., 1972. Improvement of livestock production in warm climates. Freeman and company, San Francisco. USA. Pp 1-15.

Menke, K.H., Raab, L., Salewski, A., Steingass, H., Fritz, D., and Schneider, W., 1979. The estimation of digestibility and metabolisable energy content of ruminant feedstuffs from gas production when they are incubated with rumen liquor. *Journal of Agricultural Science,* 93 : 217-222.

Menke, K. H., and Steingass, H., 1988. Estimation of the energetic feed value obtained from chemical analysis and *in vitro* gas production using rumen fluid. *Animal Research and Development.* 28: 47-55.

Mfewou, A. 2001. Effet de la complémentation protéique associée à la vermifugation en saison de pluies sur l'élevage des caprins au Nord-Cameroun. Mémoire d'ingénieur agronome. Université de Dschang. FASA. 40p.

Moussounda, D.N.Y., 2005. Composition chimique et digestibilité *in vitro* et *in vivo* de *Panicum maximum* supplémenté au *Leucaena diversifolia*. Mémoire d'ingénieur agronome. Université des Sciences et Techniques de Masuku. Institut National Supérieur d'Agronomie et de Biotechnologie. 50p.

Ngongoni, N.T., Manyuchi, B., 1993. A note on the flow of nitrogen to the abomasum in ewes given a basal diet of milled star grass hay supplemented with graded levels of deep litter poultry manure. *Zimbabwe journal of Agriculture Research* 31 (2): 135 – 140.

Ngo Tama, A.C., 1989. Utilisation des coques de coton en saison sèche par des moutons peuls dans le nord Cameroun. **In** : *African Small Ruminant Research and Development.* Proceedings of a conference held at Bamenda, Cameroon. 18-25 january 1989. Pp 230-236.

Ngo Tama, A.C., Zafindrajaona, P.S., Bourzat, D., Lauvergne, J.J., Zeuh, V., 1994. Caractérisation génétique des caprins dans le nord-cameroun. **In** : Bourzat D. (ed). Actes du comité scientifique de Niamey. IRAD. 16p.

Njoya, A., Bouchel, D., Ngo Tama, A.C., Moussa, C., Martrenchar, A., Letenneur, L., 1997. Systèmes d'élevage et productivité des bovins en milieu paysan au Nord-Cameroun. Revue Mondiale de Zootechnie.Volume 89. Numéro 2. Pp 12-23. www.fao.org/docrep/w6437t/w6437t03.htm

Njwe, R.M., 1993. Protein requirements of young West African Dwarf sheep. *World review of Animal Production*, volume 28, Number 4. Pp 10-15.

Onana, J.,1992. Etude monographique d'un fourrage ligneux du Nord-Cameroun: *Ficus sycomorus* L. subsp. *Gnaphalocarpa* (Miq) C. C. Berg. Multiplication et croissance. Pp 191-196.

Oussou, M. 2004., Digestibilité *in vitro* de *Desmodium uncinatum*, *Desmodium intortum* et *Arachis glabrata* en présence des fanes de maïs comme source d'énergie. Mémoire d'ingénieur agronome. Université des Sciences et Techniques de Masuku. Institut National Supérieur d'Agronomie et de Biotechnologie. Franceville. 51p.

Pamo, T.E., 1991. Réponse de *Brachiaria ruziziensis* (Germain et Evrad) à la fertilisation azotée et à différents rythmes d'exploitation en Adamaoua, Cameroun. *Revue d'Elevage et de Médecine Vétérinaire des Pays tropicaux*, 44 (3) : 373 – 380.

Pamo, T.E., Kennang, T.B.A., Kangmo, M.V., 2001. Etude comparée des performances pondérales des chèvres naines de Guinée supplémentées au *Leucaena leucocephala*, au *Gliricidia sepium* ou au tourteau de coton dans l'Ouest Cameroun. *Tropicultura*, 19 : 10-14.

Pamo, T.E., Tankou, C.M., 2000. Etude comparée des performances pondérales des chèvres naines de Guinée supplémentées au *Calliandra calothyrsus* ou au tourteau de coton dans l'Ouest Cameroun. **In** : L. Gruner and Y. Chabert (Eds). 7ème conférence internationale sur les chèvres. 15-21 mai 2000, France. Tome I. Pp 133-135.

Pamo, T.E., Tendonkeng F., Kana J.R., Loyem P.K., Tchapga E., Fotie F. K., 2004. Effet de différents niveaux de supplémentation avec Leucaena leucocephala sur la croissance pondérale de la chèvre naine de Guinée. *Revue d'Elevage et de Médecine Vétérinaire des Pays tropicaux*, 57 (1-2) : 107-112.

Pensuet, P. et Toussaint G., 1995. Élevage des chèvres et des moutons. Vecchis S.A. Paris, 247p.

Quick, T. C., Dehorty, B. A. 1986. A comparative study of feeding behaviour and digestive function in dairy goats, whool sheep and hair sheep. J. Anim. Sci., 63, 1516-1526.

Rivière, R., 1991. Alimentation des ruminants domestiques en milieu tropical. IEMVT. Montpellier. Pp 187-193.

Roberge, G., Toutain, B., 1999. Cultures fourragères tropicales. CIRAD. 369p.

Ruppol, P., Osaer, S., Van Winghern., Kora, S., and Goosens, B., 2000. Usage of *Leucaena* leaf meal as high quality strategic supplementation in West Africa Dwarf Goats. **In** : L. Gruner and Y Chabert (Eds). 7th International Conference on goats. 15-21 may 2000, France. Tome I. Pp 990-992.

Sandoval, C.A., Herrera, P., Capetillo, L.C.M., Ayala, B. A.J., 2003. *In vitro* gas production and digestibility of Mucuna bean. *Tropical and Subtropical Agroecosystems*, 1 : 77-80

Siddhuraju, P., Vijayakumari, K., Janardhan, K., 1996. Chemical composition and protein quality of the little known legume, Velvet bean [*Mucuna pruriens* (L) D.C], *Journal of Agricultural and Food Chemistry*, 44 : 2636-2641.

Thyssen., 1993. Utilisation de *Calliandra calothyrsus* dans l'alimentation des brebis de l'Extrême-Nord Cameroun. Observations préliminaires. *Tropicultura*. 7 (4), 132-136.

Van Soest, J.P., and Robertson, J.B., 1985. Laboratory Manual for Animal Science. Cornelle University. New York, USA.

Annexe

Annexe: évaluation de la note d'état corporel (Fehr, 1992)

<u>DESCRIPTION DES ECHELLES DE NOTE D'ETAT CORPOREL</u>

<u>NOTATION DE LA REGION LOMBAIRE</u>

<u>NOTE 0</u>

Les os du squelette de l'animal sont très apparents sous la peau.

Les doigts peuvent suivre le contour de toutes les vertèbres y compris entre les apophyses transversales et épineuses sur toute la longueur.

Le muscle est très réduit, peu détectable, fin et localisé dans l'arc de l'angle vertébral et laisse sentir au toucher les jonctions des vertèbres.

Le gras est totalement inexistant.

La peau est bien au contact avec l'os et a tendance à perdre son élasticité. Elle accuse fortement les creux des espaces entre les apophyses transverses.

<u>NOTE 1</u>

La maigreur est nettement visible. Les doigts s'enfoncent dans les espaces des apophyses transverses et épineuses.

Le muscle long couvre seulement les apophyses articulaires des vertèbres et au maximum les deux tiers des apophyses transverses. Les apophyses articulaires peuvent être localisées par pression des doigts.

Le gras est inexistant.

La peau recouvre les apophyses transverses sans entrer dans les espaces.

Les doigts pénètrent très facilement sous la face ventrale des apophyses transverses.

<u>NOTE 2</u>

Les apophyses transverses et épineuses sont saillantes ; seulement leurs extrémités sont facilement palpables.

La forme du muscle est sensible à la pression des doigts qui peuvent pénétrer sous la face centrale des apophyses transverses avec pression.

Le tissu conjonctif n'est pas gras mais suffisamment mou pour donner une souplesse de mouvement à la peau.

Entre les extrémités des apophyses transverses et épineuses, la peau délimite une courbe concave.

NOTE 3

Les apophyses épineuses ne sont plus saillantes mais sensibles aux poses de la main. Il faut également légèrement presser pour atteindre les pointes des apophyses transverses.

La palpation détecte très facilement la forme arrondie du muscle.

Le gras de faible épaisseur recouvre le muscle sur toute sa surface externe.

L'espace de l'angle vertébral est rempli. La peau détermine entre les apophyses transverses et épineuses une ligne presque droite.

NOTE 4

Les apophyses épineuses sont en profondeur sur la ligne du dos et difficilement détectable au passage de la main.

Les muscles du dos forment une zone plate et à mesure que l'on s'éloigne de l'axe dorsal leur profil est très convexe.

Le gras en couche moyenne couvre complètement l'ensemble de la région donnant au toucher une sensation de fermeté. Il s'individualise plus facilement surtout au niveau de l'extrémité des apophyses transverses. La peau semble plus épaisse.

NOTE 5

Le sillon de la ligne du dos est très prononcé et profond. On ne peut distinguer les références osseuses des apophyses épineuses et transverses.

Les muscles du dos sont fortement rebondis. Le gras est épais et surtout abondant au niveau des bords latéraux du filet déterminant de l'épaisseur à cette région.

La peau est tendue, peu mobile sous l'importance des masses musculaires et graisseuses, et épaisse au pincement.

NOTATION DE LA REGION STERNALE

NOTE 0

Les côtes et les articulations chondrio-sternales sont très saillantes.

Le sternum plat et dur au toucher est en retrait par rapport aux articulations chondrio-sternales.

Les gras sont totalement inexistants.

La peau manque de mobilité et est en contact étroit avec les os, ce qui permet de suivre parfaitement leur contour.

NOTE 1

Les contours des os sont légèrement arrondis mais la palpation laisse apparaître une maigreur franche.

Les bords latéraux du sternum, au niveau des articulations chondrio-sternales sont légèrement arrondis et facilement perceptibles au toucher.

Le gras sous cutané est inexistant. Le gras interne est réduit à sa structure tissulaire.

La peau est mobile et la zone indurée flottante.

NOTE 2

Les articulations chondrio-sternales sont peu palpables à cause d'un gras interne épais.

Le gras sous-cutané remplit le sillon central du plateau sternal donnant de l'épaisseur à cet endroit.

Ce gras s'étale en un voile très fin peu important jusqu'aux articulations chondrio-sternales.

Le pincement en tenaille avec les doigts des bords de la région sus-sternale permet de pénétrer profondément et de dégager facilement la zone indurée.

NOTE 3

Les os sont imperceptibles au toucher.

L'épaisseur du gras interne est importante et fait rebondir les bords latéraux du sternum.

Le gras sous-cutané est palpable, il s'élargit sur tous les bords, en éventail dans sa partie postérieure sur une faible épaisseur.

Au pincement en tenaille avec les doigts des bords de la région sus-sternale, la pénétration reste superficielle et la zone est adhérente.

NOTE 4

La région sternale présente des contours arrondis, fermes, en bourrelets.

Les limites du gras sous-cutané sont difficilement détectables et la masse adipeuse est presque plus mobile. La partie postérieure du gras sous-cutané en éventail se prolonge très loin vers l'abdomen mais la dépression au niveau du milieu de la dernière sternale subsiste.

La peau n'est pas complètement tendue, elle peut se décoller facilement au niveau des articulations chondrio-sternales.

NOTE 5

La masse graisseuse sous-cutanée sternale est plate aux bords arrondis proéminents par rapport au bord latéral de la cage thoracique. Elle n'est pas mobile et recouvre uniformément l'ensemble de la région sternale d'une couche épaisse, dure et compacte.

A aucun endroit, les limites ne sont pas détectables. La peau est distendue en contact étroit, son décollement est difficile et limité. Elle apparaît plus épaisse.